THE BOOK OF GUN TRIVIA

ガントリビア99

知られざる銃器と
弾薬の秘密

ゴードン・ロットマン著
加藤喬訳

並木書房

目 次

第1章 銃器の基礎知識 7

第3章 弾薬の基礎知識 114

■コラム

第1章
銃器の基礎知識

兵器の世界にも、研究に値する独自な歴史と秘話がある。なかには信頼のおけない雑学レベルの情報もあるが、それでもさまざまな兵器がいかに開発され、使用されたかを知るうえで興味深い視点を与えてくれる。

兵器の進化と本来の使い道がわかれば、軍事史や戦術・戦闘テクニックがどのように推移してきたかの理解もいっそう深まるだろう。また、この種の知識に陸軍兵士や海兵隊員が精通していれば、マニュアルでは想定されていない戦闘環境にも適応し、より効果的に兵器を扱えるはずだ。

本章では、史実に基づき銃器の基礎知識を紹介しながら、銃器にまつわる疑問や誤解を明らかにする。

1 米陸軍と海兵隊で最も長く使われている銃器は何か？

米軍で長期にわたって使用されてきた銃器を次ページに示す。名称に変更がない場合でも、これらの兵器には改良型が存在する。ほとんどは段階的に更新されているが、州兵部隊や予備役、ときには正規陸軍と海兵隊で使われ続けているものもある。

.45口径M1911A1拳銃（1926年制式採用）

原型のM1911は1911年に採用。80年代半ばにM9（ベレッタ・モデル92FS）と交代するまで米軍で最も長く使われた。大口径の威力と堅牢な構造が特徴で、.45ACP弾はストッピング・パワーに優れている。

(Fallschirmjäger/wikimedia commons)

.50口径M2重機関銃（1933年制式採用）

ジョン・ブローニングが第1次大戦末期に設計・開発。装甲戦闘車両の車載用、航空機の武装用、歩兵部隊の支援火力として地上・対空戦闘用などに世界各国で広く使用されている。

(USMC)

.45口径M3A1短機関銃（1944年制式採用）

通称「グリース・ガン」。M1911A1と同じ拳銃弾薬を使用。鋼板をプレス加工し溶接した簡素な構造が特徴で、大量生産され西側諸国軍にも供給された。アサルト・ライフルの登場で第一線兵器から退いた。

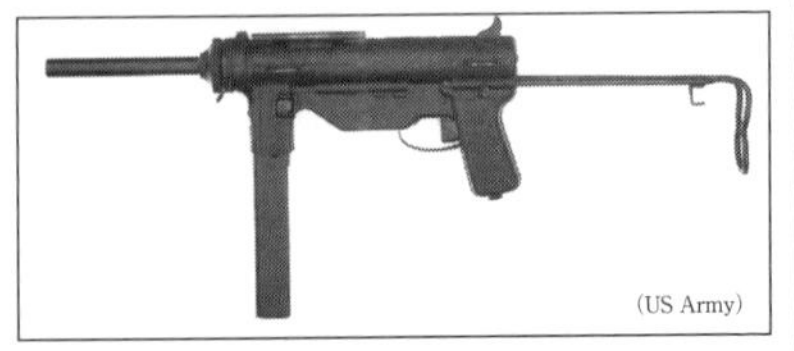
(US Army)

7.62ミリM60機関銃（1957年制式採用）

第2次大戦後、歩兵の主力火器はアサルト・ライフルと汎用機関銃の二本立てとする世界的な傾向に合わせ、多種類だった米軍の軽機関銃もM60に統一された。1995年に採用されたM240B/Gと交代しつつある。

(USAF)

7.62ミリM14小銃（1957年制式採用）

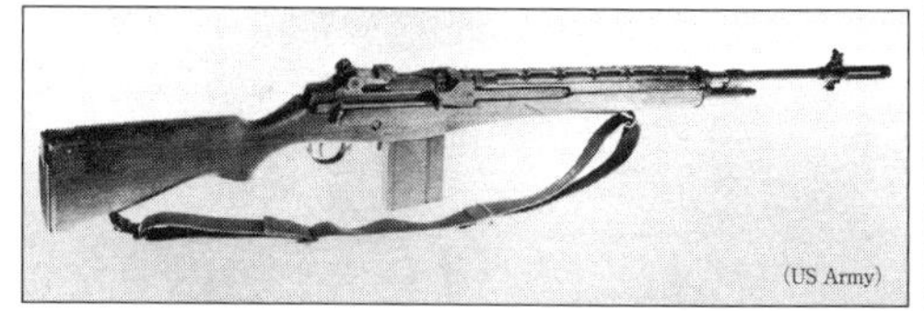
(US Army)

M1ガーランドの後継として制式採用されたバトルライフル。連射時のコントロールがしにくいことなどから制式装備としての寿命は短かったが、長射程性能が再評価され、Mk14狙撃銃など派生型が生まれ、現役使用されている。

81ミリM29A1迫撃砲（1952年制式採用）

(US Army)

第2次大戦、朝鮮戦争で使用されたM1 81ミリ迫撃砲の改良型として開発。軽量化、長射程化が図られ、ベトナム戦争以来、米軍のほか西側諸国軍で使用された。M252迫撃砲と交代しつつあるが一部では現役。

5.56ミリM16A1小銃（1966年制式採用）

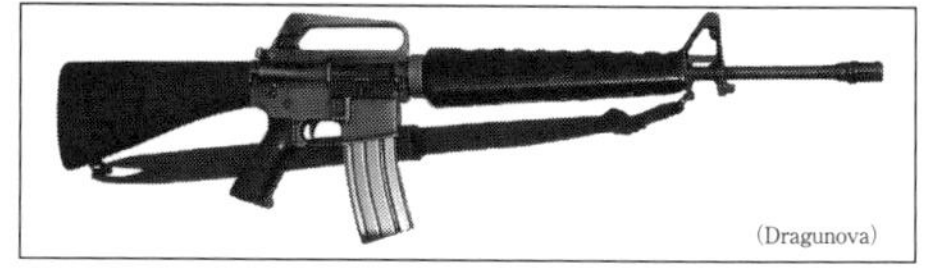
(Dragunova)

米空軍では1962年に採用。小型軽量でジャングル戦向きなことが、ベトナム戦争での運用が高評価され陸軍もM16A1を採用。これを原型にM16A2、M4アサルト・カービンなど多くの派生型が登場している。

40ミリM203擲弾発射筒（1969年制式採用）

M16アサルト・ライフルに簡単に装着できるのが特徴。歩兵に過大な追加装備を課さずにグレネード（擲弾）による火力増強を目的に開発。2010年以降、後継にM320やXM25が採用されたが、当分はこれらと併用される。

(US Army)

2 世界で最も長く使われている近代的軍用小銃は何か？

■.303口径リー・エンフィールドNo.1 マークⅢ小銃

イギリスで設計されインドでも製造された.303口径リー・エンフィールドNo.1 マークⅢ小銃、別名SMLE（ショート、マガジン、リー・エンフィールド）は現在もインドとネパールで使われている。AK-47アサルトライフルが多用されるアフガニスタンでも目にすることがある。基本設計は1907年。

1934年から1955年までインドのイチャポーレ国営兵器工場で作られた。オーストラリアのリスガウ国営兵器工場で1955年まで製造されていたものはパプア・ニューギニアでいまも使用されている。

リー・エンフィールドNo.1 マークⅢ小銃（スウェーデン陸軍博物館）

■.303口径リー・エンフィールドNo.4 マークⅠ小銃

1931年に制式化され、1939年に大量生産が開始された。1957年、7.62mm口径L1A1自動小銃（FN社製自動小銃）と交代するまで英軍とカナダ軍の制式小銃だった。60年代まで第一線で使われ、現在でもカナディアン・レインジャーズ（カナダ北方沿岸部をパトロールする陸軍予備役部隊で沿岸監視隊の現代版）が使用している。極地環境での信頼性と生産価格が安いためである。また、カナダの捜索救助隊と地図製作組織の要員がシロクマなど、野生動物に対する自衛のため携行している。アフリカ諸国の予備役軍、保安隊、警官隊、猟区管理人らが装備しているほか、2008年現在、アフガニスタンでタリバンの一部も武装に用いている。

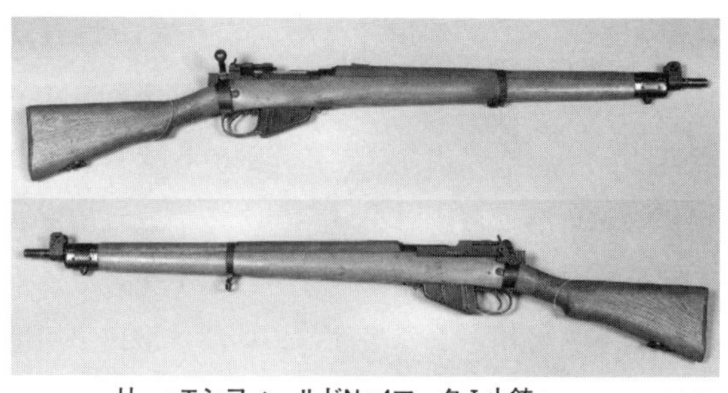
リー・エンフィールドNo.4マークⅠ小銃（スウェーデン陸軍博物館）

■.30口径M1ガーランド小銃

２つの戦争を戦った主力小銃だが、使用期間は25年ほどにとどまる。陸軍は1936年に、海兵隊は1941年に制式化したが、広範に支給されたのは1942年以降で、1957年に生産が終了し、1959年からは順次M14小銃と交代した。精密射撃用M1ナショナル・マッチは1953年から1963年まで４万丁以上が生産された。正規軍のなかにも70年代初頭までＭ１小銃を保有する部隊があった。州兵部隊と予備役ではより広範に使われていた。

M1ガーランド小銃（USN）

■.30口径M1903スプリングフィールド小銃と7.62mmM14小銃

最も長く使用された米軍小銃は.30口径M1903スプリングフィールドと7.62mmM14。M1903は1906年に配備され、朝鮮戦争後の1954年まで狙撃銃として使用された。第一線ではM1ガーランド小銃と交代したものの、第２次世界大戦を通じて制式小銃とされた。M14小銃は1957年に制式化され、1959年から配備が始まった。今日でも大幅に改良され、選抜射手（マークスマン）用や射撃競技用ライフルとして使われ続けている。ウエストポイント陸軍士官学校の候補生らも基本教練用として当分のあいだはM14を使用する見込み。そのほか儀仗隊でも使用されている。

海軍仕様の増強型バトル・ライフル（EBR）Mk14は2004年、特殊作戦部隊用および陸軍の選抜射手用（DMR）として配備が始まった。M14小銃の製造期間は1959年から1964年までと短く、また第一線で継続的に使われてきたわけではないが、使用期間は50年以上に及ぶ。今後も何らかのかたちで使用され続けていくだろう。しかし最終的には、M16/M4系列小銃に最長制式小銃の座を明け渡すことになろう。

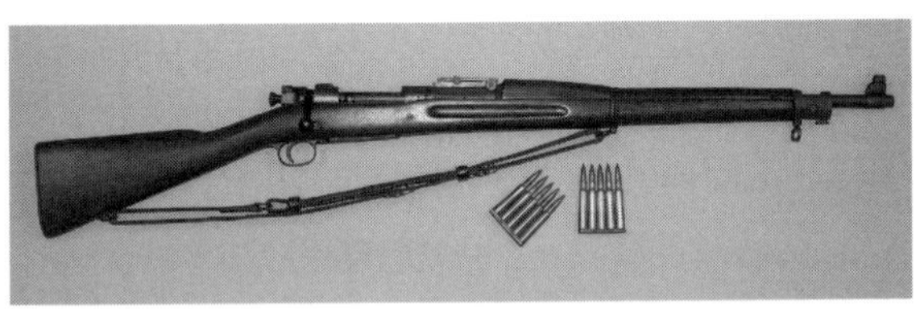

M1903A4小銃（Curiosandrelics/wikimedia commons）

M14小銃（スウェーデン陸軍博物館）

■モーゼルM1898小銃

ボルトアクション式小銃として使用年数が三番目に長いのはドイツのモーゼルM1898。多くの国々で幾多のモデルがライセンス生産された。1930年代に設計を近代化した改良型は、いまも一部の軍隊

で限定的ながら使用されている。ドイツ国防軍の制式小銃口径7.9mmのKar.98k騎兵銃に準じたこれらの小銃は、

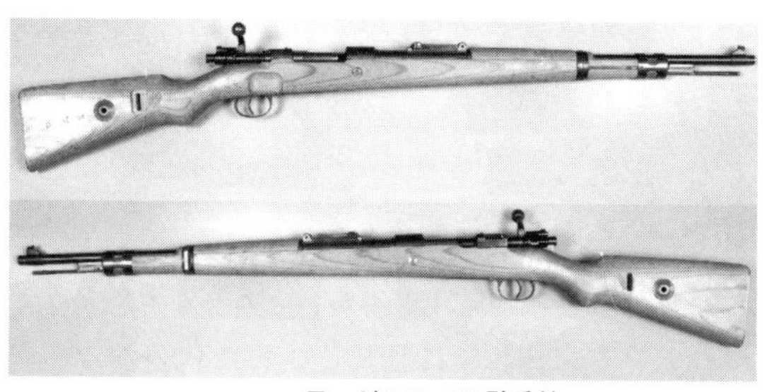
モーゼルKar.98k騎兵銃（スウェーデン陸軍博物館）

儀仗隊や予備役部隊に配備されている。口径.30-06のM1950FNモーゼル小銃を継続使用するメキシコとブラジルが好例である。デンマーク海軍のエリート部隊で、北東グリーンランドの長距離偵察や警戒監視にあたるシリウス・パトロールは、シロクマなど野生動物に対する自衛用に口径7.9×57mmのモーゼル騎兵銃で武装している。

■口径7.62mm モシン・ナガンM1891/30小銃とM1944騎兵銃

ソビエト製の口径7.62mm モシン・ナガンM1891/30小銃とM1944騎兵銃（カービン）は、1960年代に入っても部隊配備されていた。1998年、旧ワルシャワ条約機構軍の緊急時予備装備品だったものが、経済的に苦しんでいた旧社会主義国の現金収入源として民間武器マーケットに放出されたと思われる。これらの小銃は第２次世界大戦中および直後まで生産され、そのまま予備品として保管されていたものである。収集家にはM-Nとして知られるモシン・ナガンとその改良型は、中国やフィンランド、ポーランド、そして第１次世界大戦中、ロシア帝国のためにアメリカで作られたものを除い

モシン・ナガンM1891/30小銃（Tyronegopaldi/wikimedia commons）

ても、世界で最も大量に生産されたボルトアクション式小銃だと考えられる。

■AK-47アサルトライフル

旧ソビエトの7.62mm口径AK-47アサルトライフルも非常に長く使われている。1947年に制式化された代表的な小銃で、実際の導入は1949年。ソビエト陸軍全体で広範に配備されるようになったのは1956年以降。今日に至るも現役で、これからも長いあいだ使い続けられるだろう。近代化されたAKMは1959年制式化。60年代半ばからメディアなどで目にするいわゆるAK-47は、実はこの改良型である。口径を5.45mmに変更したAK-74は1978年に登場した。

合計するとAKシリーズの多岐にわたる改良型は世界20カ国以上で製造され、80を超える国軍、警察および治安部隊に加え、多くの反乱勢力、ゲリラ集団、民兵、犯罪組織、麻薬カルテル、その他の非国家武装集団によって使用されている。AKアサルトライフルは推定7500万丁生産され、軽機関銃や短機関銃などを含む派生型も2500万丁作られた。世界で最も大量に出回っている近代兵器であり、今後も長いあいだその地位は揺るがないだろう。

AK-47アサルトライフル
口径：7.62mm×39
作動方式：ガス圧利用方式
発射速度：600発/分
銃身長：418mm
全長（銃床固定型）：874mm
重量（弾薬なし）：3840g
銃口初速：710m/秒
装弾数：30発箱形マガジン

(wikimedia commons)

3 近代以前、最も長く使用された軍用銃は何か？

連続発射が可能な後装式無煙火薬弾薬が使われ始めたのは1880年代。それ以前の兵器に目を向けると、最も長く使用されたのは英国製.75口径の長・短銃身標準マスケット銃で、俗称「ブラウン・ベス」。英正規軍の第一線で1722年から1836年までの114年間にわたり配備された。改良型はクリミア戦争（1853〜1856年）とインド大反乱（1857〜1859年）でも現役だった。大英帝国全体で正規軍や植民地軍、民兵によって使われる一方、アメリカ革命派が米独立戦争（1775〜1783年）で、メキシコ軍がテキサス革命（1835〜1836年）とアメリカ・メキシコ戦争（1846〜1848年）で使用した。

撃発方式を火打ち石から雷管に変更した少数の後期型ブラウン・ベスは南北戦争（1861〜1865年）で南軍が用いた。この改良は1839年にロンドン塔国営兵器工場で行なわれたことから「タワー・マスケット銃」と称される。ブラウン・ベスがどのくらい現役にとどまったのかは不明で、少なくとも1870年代までは何らかの用途で使われ続けたと考えられ、その使用期間は150年以上になる。

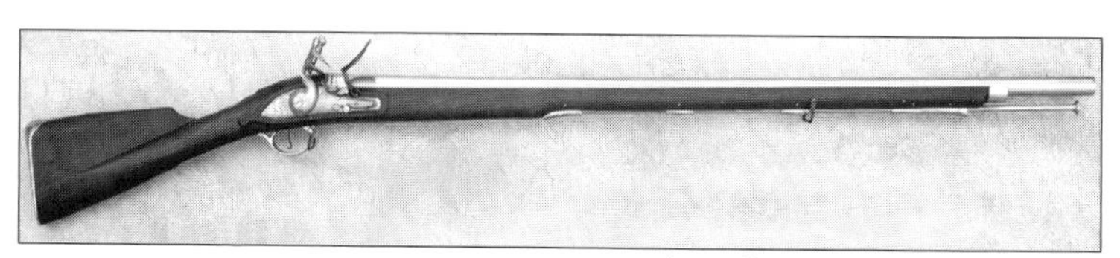

マスケット銃（Antique Military Rifle/wikimedia commons）

ブラウン・ベスの由来

ブラウン・ベスの俗称が使われ始めたのは1700年代後半だと思われる。しかし語源に関し裏付けのある説明はなされていない。「ブラウン」は銃床に使われた茶色のクルミ材か金属の褐色加工、または銃表面を保護するための茶色の上塗りを指すなどさまざまな説がある。「ベス」は「良き女王ベス」の愛称で知られたクイーン・エリザベス一世（1533～1603年）のことだとされるが、このマスケット銃が実用化される100年以上前に死去している。ドイツ語のbrawn Büchse（強力な銃）または braun Büchse（茶色の銃）が起源だとする説もある。ほかには、ベスは当時、兵が恋人を呼ぶときによく使う愛称だったというものだ。英国のノーベル文学賞作家ラドヤード・キップリング（1865～1936年）がこう書いている。「彼らはブラウン・ベスの魅力に心を貫かれている」

マスケット銃の一斉射撃 (Piotr Rusiniak/wikimedia commons)

4 米軍兵器の名称とカテゴリーとは？

簡単に言えば、制式装備は「M」（Model）、改良型は「A」（Alteration）で示される。実験兵器と試作品は「XM」で、追加改良型は「E」（Experimental）を付け、たとえばXM177E2のように表示される。あらゆる軍需品および弾薬類、その他の米軍装備品は「ライフル、5.56mm、M16A4」のように終わりから表記される。この公式命名法は、調達品目録効率化のため1920年代に採用され、今日に至っている。

型式番号には不一致や矛盾が多々あり、混乱を招くことがある。さまざまな表示基準やシリーズ、変更、例外などが混在し、きわめて不合理に思われる。

兵器と弾薬は米陸軍規則第850-25によって分類される。兵器や装備が「制式化された」または「採用された」という場合、これはあるカテゴリーに「型分類」されることを意味する。以下、そのカテゴリーを示す。

■「スタンダードA」

この装備品は最新型で軍当局の要求を満足できる性能を有する。調達するにあたり、最も望ましい。

■「代替スタンダード」

この装備品はスタンダードBとも呼ばれ、スタンダードAとほぼ同等の特性を有するが性能面で劣る。スタンダードAが調達できないときに支給される。最新型と交代する以前はスタンダードAとして分類されていたものであることが多い。しばしば同盟国に供与されたり、訓練に使用されたり、あるいは、第一線部隊ではなく後方支援部隊向けに支給されたりする。

■「制限付きスタンダード」

この装備品は特殊な用途のため限定的な数量のみ調達される。かつてスタンダードAか代替スタンダードであったものが少数在庫に残っている場合もある。性能は比較的満足できるが、支給されるのは必要時、しかも短期間の特定の目的や訓練および非実戦的な用途に限られる。スタンダードAが十分な数量に達するか、これらの装備が劣化したり消耗したりした場合は最終的に「旧式」に再分類される。

制式化と配備時期に関する知識

兵器が型式分類されるか、あるいは制式化された時期と、実際に部隊に支給され始めた時期は必ずしも同一ではない。試作品などは量産に先行して極めて限定された数量が作られる。生産ラインを一新して量産体制を整えるには長い時間がかかる。また新型兵器の生産ラインを稼働させる前に、現行の兵器生産ラインの操業は終了している必要がある。

十分な数量の新型兵器が生産されれば、即応任務を与えられている部隊や紛争地域に展開する部隊に支給されるが、この際、これらの部隊は再装備のため前線からいったん撤収しなければならない。また、修理部品や使用マニュアル、訓練用補助教材、付属の装備品、弾薬入れ、ホルスターなども同時に流通されている必要がある。

たとえば1944年9月に制式化された兵器は間もなく戦場に行き渡ったと考えがちだが、緊急度の高い戦時ですら、すべての前線部隊に新型兵器が配備されるまでには往々にして1年かそれ以上の時間がかかる。1944年初頭に制式化された米軍兵器のなかには、第2次世界大戦終結まで使用されなかったものもあるが、一般には使われたと思われている。これは他国も同様で、平時、新たに制式化された兵器が部隊に行き渡るには数年かかる。制式化のあとも生産量は低く抑えられ、選ばれた部隊に優先して支給される場合もある。全部隊への一斉支給は、欠陥を洗い出し、将兵からの改善提案などに基づく改良を行なったあとにようやく始まる。

5 米軍兵器の型式番号にハイフンは使用されているか？

使用されていない。

M16A4が正しくM-16A4やM16-A4ではない。公式刊行物にもハイフンが使用されているものがあるが、これは誤りである。

その根拠は？　兵器そのものに打たれている刻印や装備品に貼付されている識別プレートを見ればわかる。

また陸軍装備命名法を定める規則であるMIL-STD-1464Aによると、ハイフンを用いないことになっている。

兵器のカテゴリー分けは難しい

あらゆる兵器を特定の種類に区分したがる向きは多い。また「小火器」（一般に口径15mm以下の兵器とされる）のカテゴリーとサブ・カテゴリーには明確な定義があるものと思い込んでいる人もいる。実際には、兵器カテゴリーの定義は非常にあいまいで、特定の種類に区分できないものや、同時に複数のカテゴリーに適合するものもある。

ある兵器が重機関銃、中機関銃、軽機関銃、あるいは汎用機関銃かの定義をめぐって頭を抱える人がいる反面、公式名称はもっと単純に「機関銃」である場合が多い。いわゆる公式名称も、しばしば誤解を招いたり、厳密な分類に無頓着であったりする。

6 外国製兵器の型式名称は？

諸外国の兵器の名称表記基準はアメリカのものと非常に異なることがある。多くの場合、表記方法は年を重ねるにつれ変更され、複数の表記基準が併用されることもあった。したがって兵器のなかには、試作時の名称、工場での名称、制式採用時の名称に加え、輸出用の名称や民間での名称を持つものがある。これらには往々にして、兵器の設計者や製造元の略語やイニシャルが組み込まれている。ここでは小火器の名称に関する概要のみを紹介する。

英連邦は、かつてマーク（Mk）で表記した。当初はローマ数字を使用していたが、1947年にアラビア数字に公式に変更した。資料や文献によっては両方が見受けられ、変更前に製造された兵器はまだローマ数字のままである。また1926年以降、多くの小火器はアラビア数字でも表記されるようになっていた。たとえばNo.1 MkⅢ小銃である。この場合、「No.1」は制式採用時の基本型を示し「Mk MkⅢ」は三度目の改良型を意味する。当時現用だった兵器はこの方式にしたがって改称された。小改良は「*」で示され、No.2 MkⅠ*リボルバーのように表記した。数次にわたる小改良によって複数の「*」が使われることもあった。

オーストラリアは、軍を意味する「F」を、カナダは国名の頭文字をとって「C」を兵器名称に使用した。ニュージーランドはその武器の製造国での名称をそのまま流用した。英海軍は海軍の頭文字「N」を使った。

第2次世界大戦中のドイツは、兵器の型式を表す略語と制式化された年号を示す二桁数字の表記基準を使った。たとえば、7.9mm Kar.98kカービンの場合、改良型であることは小文字の「k」で表記された。（ドイツ語で「短い」を意味するkurzの略）。小銃（ライフル）と騎兵銃（カービン）の区別ということになると、なぜかドイツはいささか曖昧で、短銃身のカービン（Karbiner）をライフル（Gewehr）と呼ぶこともあればその逆もあった。

「MG34」という表記をよく見るが、「MG.34」が正しい。（文字のうしろにピリオドがあり、文字と数字の間にスペースは入らない）。捕獲または没収された兵器をドイツ軍が使用する場合は種別を示す略語とともに製造国はカッコに入れた小文字を用いた。たとえばロシアなら（r）である。したがってソビエト製モシン・ナガンM1891/30小銃は7.62mm Gew.252（r）と表記された。小火器のドイツ語略を以下に示す。

Gew.	Gewehr	小銃（ライフル）
Kar.	Karbiner	騎兵銃（カービン）
MG.	Maschinengewehr	機関銃（マシンガン）
MP.	Maschinenpistole	短機関銃（マシンピストル）
P.	Pistole	拳銃（ピストル）
PzB.	Panzerbüchse	対戦車ライフル
StG.	Sturmgewehr	突撃銃（アサルトライフル）

（注：StG.とは別にStg.は Siethandgranateの略語で柄付手榴弾を示す）

ソビエト・ロシアの分類法では、２文字から５文字の名称で設計者や設計局を表した。また、兵器の特徴を示す１文字から２文字を付加することもあった。たとえば、DP軽機関銃の「P」は「歩兵用二脚付き」を意味する。ハイフンで文字とつながった2桁数字は制式化年またはシリーズ番号である。西側呼称のように「年型」のみで示されるものもあった。たとえば「M1944」であるが、ハイフンは入れる場合も入れない場合もある。

中華民国（国民党）は「式」を兵器呼称に用いた。「式」の前に記す年号は辛亥革命が起こった1911年を初年度とした。この方式は1948年（革命から38年目）まで続き、翌年、中国共産党が支配権を得てからは年号だけが西暦に置き換えられた。複数の兵器が同じ年号で示される場合もあり、たとえば56式はソビエト製AK-47のコピー、SKSカービン、RPD軽機関銃、ZPU-4四連装対空機関銃、そしてRPG-2対戦車榴弾発射筒に用いられている。いずれも1956年に制式化されたからである。

ヨーロッパ諸国の兵器呼称を下図に示す。

国	モデル	略称	凡例
チェコスロバキア	Vzor	vz.	vz.26
フランス	Modèle	MまたはMle	Mle1935またはM35
ハンガリー	Modell	M	42M
イタリア	Modello	M.またはMed.	Mod.35またはM.35
ポーランド	Wzór	wz.	wz.24
ロシア	Об р.	Об р а эéц	О б р .AK-47r
スカンジナビア諸国	m/	model or modell	m/45b
スペイン語圏諸国	Modelo	Mod.またはM	Mod.1908またはM65

（ノルウェーはNorsk Modell　NMも使用する）

常に例外があることは兵器の名称においても同様である。どの国でも長いあいだには異なる呼称基準が用いられたし、複数の基準が同時使用されたこともあるからだ。そのうえ開発中の兵器や工場で付けられる名称は、軍での制式呼称と異なる場合もある。輸出用モデルには別の呼び名が与えられることもある。

7 隠れたまま建物の陰から撃てる旧ドイツ軍の武器は実在した？

奇想天外な話だが、答はイエスだ。

1940年初頭、ドイツは9mm口径MP.40短機関銃用のカーブした銃身アタッチメントを試作した。同様の湾曲銃身は7.9mm口径MG.42機関銃やMP.44/StG.44アサルトライフル用にも作られ、大戦末に限定的ながら実戦使用された。派生型も複数あり、どれも頑丈な留め具で銃口に固定される仕組みだった。

湾曲銃身は左右に向けることができ、ドイツの光学機器メーカー、カール・ツァイス社製プリズム・ミラー式照準器を備えていた。これによって射手は建物の陰に姿を隠したまま射撃することが可能になった。照準器本体は敵の応射から守る軽装甲が施されていた。

銃身カーブの仕様は30度、45度、60度および90度があったが、30度のものが最も良好だった。これは急角度で湾曲する銃身よりも、

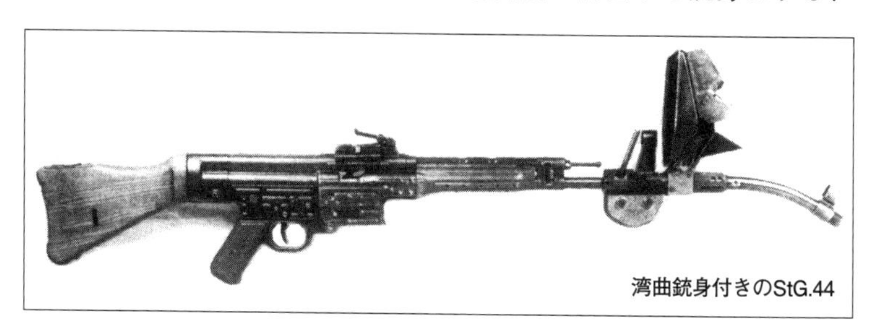
湾曲銃身付きのStG.44

通過する弾丸に与えるストレスが少ないためだ。

建物のカドや木の背後、瓦礫の山、塹壕の胸壁や壁および窓などから姿をさらさずに射撃するための革新的なアイデアだったが、結果的に湾曲銃身は効果が上がらなかった。湾曲部を通過するストレスで弾丸はしばしばバラバラに砕け、銃身そのものも急激に摩耗したからだ。旧ソビエトも同じアイデアを試したが実用化には至らなかった。

もちろんすべての兵士は姿をさらさずに「攻撃する」武器をすでに持っている。手榴弾だ。

8 短機関銃にはマガジンを水平に差し込むタイプがあり、軽機関銃には上部から装着するものがある。その理由は？

■水平給弾式：伏射姿勢をとったり、塹壕、タコツボ、窓などから射撃したりする場合、長いマガジンが地面に触れて邪魔にならないようにするためである。このタイプはたいてい左側からマガジンを差し込む。初期のドイツ製短機関銃や英国のランチェスター短機関銃、ステン短機関銃、オーストラリアのオーステン短機関銃、そして日本の百式機関短銃などがある。

ステン短機関銃（Grzegorz Pietrzak/wikimedia commons）

■**垂直給弾式**：当初、このタイプの銃は戦車や装甲戦闘車の銃眼から射撃するために設計された。水平給弾式だと横方向に射撃する場合、狭い車内でマガジンが邪魔になるからである。同じ理由で、これらの銃には冷却用銃身ジャケットが付いていない。銃身の下部にはプラスチック製のバーがあるものもあるが、これは銃身を銃眼に差し込むためのものである。ドイツのMP.38およびMP.40短機関銃、オーストラリアの9mm口径オーウェン短機関銃とブレン軽機関銃、そして日本の九六式軽機関銃などがある。

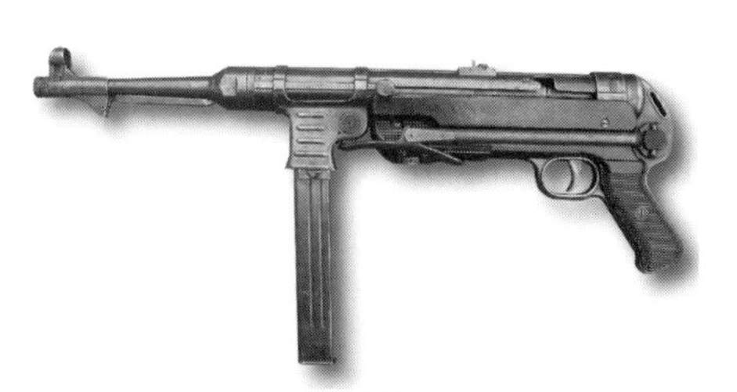

MP.40短機関銃（Quickload/wikimedia commons）

ブレン軽機関銃（Balcer/wikimedia commons）

9 ステン・ガン、ブレン・ガン、ベサ・ガン、オーステン・ガンなどの名前の由来は？

これらは、第2次世界大戦中、英国で作られた自動火器を示す略語である。オーステンはオーストラリア製。

■Mk I型からⅣ型までの9mm口径ステン（Sten）・ガン（短機関銃＝サブマシンガン）の「St」は設計者であるレジナルドV. シェ

パード少佐の「S」とハロルド・ジョン・ターピンの「t」に由来し、「en」は王立武器工場であるエンフィールド工廠の「EN」からとっている。

■Mk I型からMk VI型までのブレン（Bren）・ガン（軽機関銃）は1935年に制式化された.303口径、二脚付き分隊支援用軽機関銃である。「Br」は原型を設計したチェコスロバキアの武器メーカー、ブルノ（Brno）に、「en」はエンフィールド工廠に由来する。ここでチェコ製7.92mm口径Vz.26機関銃の基本設計に改良が加えられた。

■ベサ（Besa）・ガン（車載機関銃）はMkI型からMk III型までの7.92mm口径機関銃と15mm口径のMkI型重機関銃を指す。後者は1937年と1938年、英連邦の戦車に同軸機関銃と前方機関銃として搭載された。「Besa」はバーミンガムにあった武器メーカー、バーミンガム・スモール・アームズ・カンパニー（BSA）が語源である。

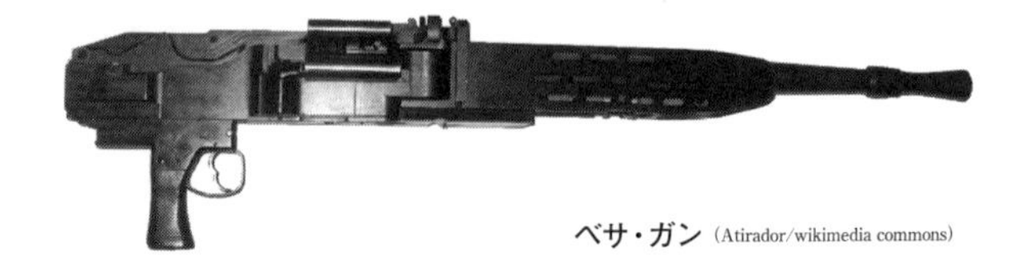

ベサ・ガン（Atirador/wikimedia commons）

■オーストラリア製9mm口径Mk I型オーステン（Austen）・ガン（短機関銃）は、大幅に改良されたMk II型ステン短機関銃で、その設計にはドイツのMP.40短機関銃の影響が若干見受けられる。1942年から1944年にかけて製造された。「Au」はオーストラリア製であることを示し、「sten」はステン短機関銃の改良型であることを意味する。

小火器の名称

ピストル（半自動拳銃）
オートマチック・ライフル（自動小銃）
リボルバー（回転式拳銃）
スクワッド・オートマチック・ウェポン（SAW：分隊支援火器）
スナイパー・ライフル（狙撃銃）
ライト・サポート・ウェポン（LSW：分隊支援火器の別称）
ディズィグネイテッド・マークスマン・ライフル（DMR：選抜射手用の小口径アサルトライフル改良型）
エンハーンスト・バトル・ライフル（EBR：選抜射手用の大口径歩兵ライフル改良型）
マシン・ライフル（オートマチック・ライフルの別称）
ライト・マシンガン（LMG：軽機関銃）
マッチ・ライフル（競技用ライフル）
ミディアム・マシンガン（MMG：中機関銃）
カービン（騎兵銃）
サブマシンガン（SMG：短機関銃）
ヘビー・マシンガン（HMG：重機関銃）
マシン・ピストル（MP：機関拳銃または短機関銃）
マシン・カービン（短機関銃に同じ）
ジェネラル・パーパス・マシンガン（GPMG：汎用機関銃）
パーソナル・ディフェンス・ウェポン（個人防御火器：短機関銃とアサルトライフルの中間的存在）
アンチ・エアクラフト・マシンガン（対空機関銃）
トレンチ・ショットガン（軍用散弾銃）
ライオット・ショットガン（警察用散弾銃）
タンク・マシンガン（車両搭載機関銃）
コンバット・ショットガン（軍用散弾銃。トレンチ・ショットガンに同じ）
エアクラフト・マシンガン（航空機搭載機関銃）
アサルトライフル（突撃銃：全・半自動切り替え可能の小口径歩兵ライフル）
アンチ・タンク・ライフル（対戦車ライフル）
セルフ・ローディング・ライフル（SLR：自動装填式ライフル）
アンチ・マティアリアル・ライフル（対物破壊ライフル）

10 英国の植民地経営を支えたマキシム機関銃は、なぜ「悪魔の絵筆」と呼ばれたのか？

19世紀末から第２次世界大戦にかけて、マキシム機関銃は世界中で最も広く使用された陸上用重機関銃の１つである。敵兵を一掃する圧倒的破壊力から「悪魔の絵筆」という俗称でも知られる。発明者のハイラム・マキシム（1840〜1916年）は米国生まれでイギリスに移住した。1881年パリで開催された国際電気博覧会を訪れていたマキシムに、あるアメリカ人がこう言った。

「巨万の富を得たかったら、ここにいるヨーロッパ人たちがもっと効率的に殺戮し合えるようなモノに投資することだ」

そこでマキシムは、機関銃の設計に着手すると同時にマキシム銃器会社を設立した。英国陸軍によってマキシム機関銃が制式採用されたあと、同社を英国のヴィッカース社が買収し、ヴィッカース・サンズ・アンド・マキシムとなった。1986年のことである。ほどなくして、先進文明国イギリスの侵略に対し先住民の大群が反抗を試みるようになるが、マキシム機関銃は英国兵士の非常に大きな強みだった。英国人は自らをさしたる危険にさらすことなく、何百人もの未開人を驚くべき効率でなぎ倒したからである。

先住民の気性は知っている。断固たる態度のなかにも優しさが必要だ。ブラッドはそう言った。
だが、その結果、反乱が起きた。
私は決して忘れない。我々の命を救うため、ブラッドがこの恐るべき日に立ち向かった姿を。

彼は小さな土塁の上に立ち、気だるげな視線をあたりに投げかけ小声で言った。

「どんなことが起ころうと我々にはマキシム・ガンがある。先住民たちにはない」（『現代の旅人』フランス系英国人作家・ヒレア・ベロック）

マキシムは1901年、ナイト爵を受けた。彼の最も有名な発明品はさまざまな派生型となって使用され続けた。

ヴィッカース・マキシム機関銃
口径：0.303インチ
作動方式：ショート・リコイル（反動利用式）
装填方式：250発布製ベルト
発射速度：450〜500発/分
全長：1155mm
銃身長：723mm
重量（銃本体）：約15kg
重量（三脚）：約22.7kg
銃口初速：682m/秒

ヴィッカース・マキシム機関銃 (Corbis)

11 第2次世界大戦で使われた最悪の小火器は何か？

第2次世界大戦の参戦国の多くは良好ないし優秀な兵器を装備していた。第1次世界大戦の戦訓や1920年代から30年代に起きた紛争の経験および技術的進歩によって多様な兵器が完成の域に達した時期であった。ここでいう「最悪」の小火器とは、設計上の欠陥によって作動不良を起こしたり、実用性能が十分でなかったり、信頼性が低かったりしたものを指す。このリストに加えられる兵器はほかにもあるに違いない。しかし以下の例は、第２次世界大戦で使用された小火器のなかでもとりわけ貧弱であったり、さらに言えば馬鹿げたデザインとでも呼ぶべきものである。

■フランス

7.65mm口径のMle 1935A半自動拳銃の主な問題は使用する弾薬にあった。7.65mm ロング、別称7.56mmMASは、5.5グラムしかない弾丸を軽装薬で発射した。したがってストッピングパワーと貫通性能は貧弱で、第２次世界大戦中、実戦配備されたなかで、最も威力不足の拳銃の１つとなった。ただしこの口径の拳銃としては、一応十分な射程を有してはいた。

Mle 1935A半自動拳銃 (Springfield Armory/wikimedia commons)

■ドイツ

7.92mm口径PzB.38対戦車ライフルは大変高価な半自動火器であった。重量があるうえ構造が複雑で、口径7.92mmの小型弾丸では（薬莢は巨大だったが）軽装甲戦闘車両に対しても、十分な破壊力はなかった。

ドイツ空軍の7.9mm口径MG.15航空機搭載機関銃は、設計そのものは決して悪くなかった。しかしベルト給弾ではなく75連発２連装ドラム・マガジンを使用するのが欠点であった。発射速度は毎分1000発と速く、銃本体にまたがるようなかたちで装着されたドラム・マガジンはものの数秒で空になった。交換には熟練した射手でも最低6秒必要で、これは敵戦闘機が爆撃機に致命的な機銃射撃をするのに十分な時間だった。銃身を迅速に交換する機能はなく、過熱による暴発連射を止める仕組みもなかったので弾薬がなくなるまで待つしかなかった。給弾不良を起こした場合、詰まった弾薬を取り除いたり再装塡したりすることも不可能だった。

PzB.38対戦車ライフル (Carl Muller/wikimedia commons)

MG.15航空機搭載機関銃 (Darkone/wikimedia commons)

■英国

9mmステン短機関銃MkⅠ型からMkⅥ型は、第2次大戦中よく知られた兵器だったが、その中でもとくに低コストだった。しかし作動不良を起こしやすく、台尻から落とすと暴発しマガジンが空になるまで発射し続ける可能性があった。ステンは入念な手入れが必要なうえ、マガジン上部の弾薬装塡用の突起は簡単に破損し作動不良の原因となった。また32連発マガジンはマガジンローダーなしには装塡が困難で、マガジン内で弾詰まりを起こすこともあった。照星（フロント・サイト）と照門（リア・サイト）は固定式。兵士が調整することはできず、工場で行なわれる照準調整も不正確だった。ステンを戦場使用に耐えるものにするためには、多くの部品を兵士らがヤスリで削って加工する必要があった。

■イタリア

6.5mm口径のブレダM1930軽機関銃は射撃時に過熱しやすい。クローズド・ボルトから発射するため、射撃を中断したあとも薬室内の弾薬が熱で暴発することがあった。ディレイド・ブローバック方式の銃では排莢時にカートリッジが破断しがちなうえ、銃身が後退するメカニズムは構造がより複雑になる。マガジンに装填する手順もややこしく、弾薬に潤滑油を塗るためのオイル貯めも砂やホコリが付着して、目詰まりから作動不良を起こした。

本銃が実戦使用された北アフリカの砂漠やシシリア、イタリアはいずれも埃っぽい土地柄。その惨憺たる性能に、兵士らの評判は芳しいものではなかった。加えて6.5×52mm・カルカノ弾はヨーロッパで使われた同口径弾薬のなかでも、最も威力不足の弾薬の1つだった。

ブレダM1930軽機関銃（Adamsguns/wikimedia commons）

■日本

8mm口径の九四式拳銃は、主要国が制式化したなかで最悪の拳銃と言って間違いない。いかなる基準と照らしても目も当てられない設計。不格好で扱いにくいうえ製造精度および材質は貧弱である。引き金と撃鉄をつなげるシアーは左側面にあり露出している。これを親指でうっかり押すと暴発し「自殺用拳銃」という名の由来になっている。マガジンには6発しか装塡できず、しかも8×22mm南部弾は威力不足で知られていた。

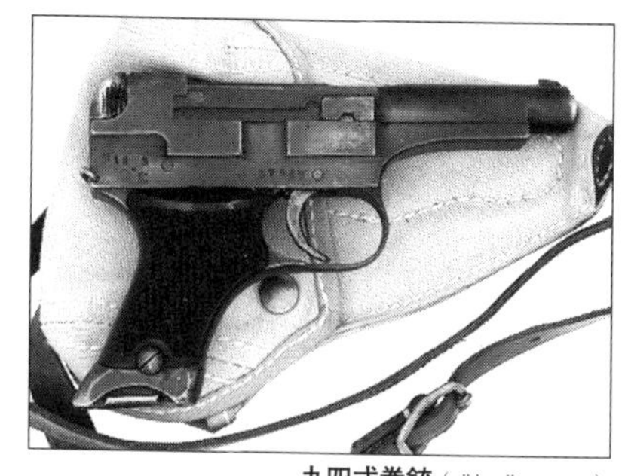
九四式拳銃（wikimedia commons）

■ソ連

口径7.62mmのデグチャレフDP軽機関銃（Dは設計者の名前。Pは歩兵を意味する）は、1928年に制式化された分隊支援火器である。造りがいくぶん脆弱だとされ、銃を作動させるためのスプリングは銃身下のロッドに装着されていた。このためスプリングは射撃時に急激に過熱・変形し、作動不良を起こした。銃身との間に遊びなく装着された二脚は華奢（きゃしゃ）で、でこぼこのある地面では射撃が難しい。また、ピストルグリップも付いていないため扱いにくい銃であった。円形マガジンは装着に時間がかかり、弾詰まりを起こさぬよう丁寧に行なう必要がある。マガジン本体も破損しやすいものであった。航空機搭載型のDA軽機関銃と戦車搭載型のDT軽機関銃があるが、同じ欠陥を抱えていた。

デグチャレフDP軽機関銃（Ana Klis/wikimedia commons）

12 水路ガンとは何か？

ベトナム戦争中、輸送部隊が車列を組んで長距離を移動する場合、装甲を強化した武装車両による護衛を必要とした。これを待ち伏せするベトコンは、しばしば道路脇の水路に隠れながら武装トラックに接近、車列に沿いながら爆薬や手榴弾、RPG（携帯式対戦車ロケット弾）などで攻撃を仕掛けた。

トラックに装備された機関銃では銃口を十分下に向けて水路を狙うことができず、至近距離では交戦不可能だった。このような敵に対抗するためさまざまな「近接防御用兵器」が使われた。

その総称が「水路ガン（ditch guns）」だ。腰だめの姿勢でも撃てるM60機関銃や40mm口径M79擲弾筒（通常トラック１両につき１丁）、大型動物狩猟用散弾を装填したショットガン、7.62mm口径M14小銃、5.56mm口径M16小銃、.45口径M3A1短機関銃「グリースガン」、それに破砕性手榴弾などだ。

13 英国は日本製の小銃を公式採用したか？

1914年、英国海軍は6.5mm口径の三十年式騎兵銃（1898年制式化）および三八式歩兵銃（1906年制式化）を訓練用として購入した。その数は13万丁（訳注：日本側の史料では三十年式歩兵銃２万丁、三八式歩兵銃８万丁の計10万丁）。当時、英国海軍と大日本帝国海軍は親密な関係にあった。日本は艦船を含む兵器などを英国か

三十年式歩兵銃（Antique Military Rifles）

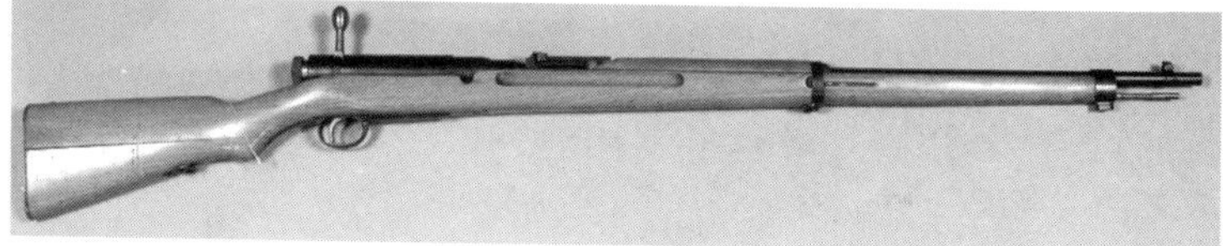

三八式歩兵銃（スイス陸軍博物館）

ら購入しており（訳注：英国からの艦船調達は1911年の戦艦金剛が最後）は、小銃などの購入はその見返りだった可能性もある。第1次大戦勃発によって、生産されるリー・エンフィールド小銃はすべて英国陸軍に割り当てられていた。このため英国海軍はほかの供給源を探さなければならなかったということが大きな理由だったのだろう。

14 第2次世界大戦で英軍と英連邦軍は米軍の兵器を使用したか？

その答えは「使用したが、数は多くなかった」である。本土防衛を担う国防市民軍（ホームガード）は、主に米国製M1917エンフィールド・ライフルやM1918ブローニング・オートマチック・ライフル（BAR）、M1917ルイス軽機関銃、M1915ヴィッカース重機関銃を装備していた。
いずれも.30-06スプリングフィールド弾仕様であった。

BAR（US Army）

すでに.303ブリティシュ弾を使用する類似の兵器が存在していたので、これらの小銃の先台（銃床の一部で銃身の下の部分）や機関銃のバレルジャケット（銃身の覆い）には識別のため赤い帯が描かれていた。

M1928トンプソン短機関銃（Altoing/wikimedia commons）

.45口径のM1928A1トンプソン短機関銃は英陸軍で広く使用された。しかしステン短機関銃が登場したことで交代した。部隊によって、たとえばイタリア戦線の英第８軍やホームガードでは、トンプソンは終戦まで使用された。

.30口径のM1およびM1A1カービンは空挺部隊と特殊作戦部隊で使用された。カナダ陸軍歩兵にもM1カービンを使った部隊があり、カナダ、オーストラリア両軍もトンプソン短機関銃を用いた。

.45口径のM1911A1拳銃は広範に使用され、コルトおよびスミス&ウェッソン社製の各種リボルバーも供与された。M３グラント中戦車、M３スチュワート軽戦車、M４シャーマン中戦車、そしてT17装甲車、M２、M３、M５ハーフトラックなどの装甲戦闘車両には.30口径のM1919A4機関銃および.50口径のM２ブローニング重機関銃が搭載された。英空挺部隊は口径75mmM1A1榴弾砲

M3ハーフトラックに搭載されたM2ブローニング重機関銃
(Hunnicutt)

を使用。口径2.36インチのM1およびM1A1ロケット発射筒（バズーカ）も供給されたが、使われることは稀だった。

英連邦軍の航空部隊には多くの米国製航空機が供与された。これらの航空機には.30口径のAN-M2と.50口径のM2ブローニング重機関銃（AN-M2）が搭載されていた。航空機搭載用AN-M2機関銃も米国で生産された。同銃は英国では.303ブリティシュ弾仕様で生産された。

B-17爆撃機に搭載されたM2ブローニング重機関銃（USAF）

米陸軍の将軍は特別あつらえの拳銃を贈られる？

高級軍人の拳銃は支給され、賞詞や勲章のように装飾品や記念品として贈られるのではない。将官用拳銃プログラム（合衆国法典第10章第2574項）により、現役陸軍、予備役陸軍、陸軍州兵部隊の将軍および昇進可能な大佐（准将昇進を認められたがまだ任命されていない佐官）に対する特別調達拳銃の支給が認可されている。

だが自動的に支給されるものではなく、将官管理室を通じて要望を提出しなければならない。海兵隊と空軍にも類似のプログラムがあるが、海軍と沿岸警備隊の将官は剣（儀礼刀＝サーベル）を使うので拳銃支給プログラムはない。退役時、将官は貸与された拳銃を返納するか購入するオプションがある。

15 旧日本軍兵器の名称で「式」のあとに西暦が入っている理由は？

たとえば「九七式（1937）」のように、第２次大戦中、連合軍情報部は日本軍兵器を固有の型式を示す「○○式」のように識別し、加えて西暦を括弧の中に入れる慣習だったからだ。

日本陸海軍の兵器や装備品（艦艇など一部は除く）の名称は、その型式を示す数字を冠している。この数字は新兵器などが開発され制式が制定された年号である。

大正15年／昭和元年（1926年）からは、皇紀年号（日本の初代天皇である神武天皇即位の年を紀元の始まりとする暦で、西暦紀元前660年に相当）を使用し、その末尾２ケタを新兵器に付するよう取り決めた。たとえば皇紀2600年（1940年）に制式が制定された兵器については、陸軍は百式（TYPE 100）とし、海軍は零式（TYPE 0）としたが、同じ年の新兵器の名称が陸海軍で異なるのは非常にわかりづらい。皇紀年号を使う以前は「三八式」（明治39〔1906年〕制式制定）「十一年式軽機関銃」（大正11〔1922年〕制式制定）にように元号の数字を用いていた。

このように非常にわかりづらい決まりになっていたので、第２次大戦で連合軍情報部は日本軍兵器に冠された「○○式」のあとに西暦を付して「TYPE○○（19○○）」のように表記するのが慣習であった。（訳注：帝国陸軍の兵器に付けられた制式名称の法則は例外も少なくないが下記の通り。明治5〔1873〕年の陸軍創設から明治35〔1903〕年までの兵器は元号年に「年式」を付けて三十年式歩兵銃のように呼称。次に明治31〔1874〕年から明治45〔1912〕年の間は元号年に「式」のみを付けて三八式歩兵銃のように呼称。大正年間に入ると再び元号年に「年式」を付けて十四年式拳銃のように呼称。昭和になると神武天皇即位からの暦年である「皇紀」を用いてその下2桁に「式」のみを付けて九九式短小銃のように呼称する)

16 第2次大戦の名将が携帯した拳銃にはどんなものがあるか？

■ドワイト D.アイゼンハワー（1890～1969年）連合国遠征軍最高司令官は拳銃を外から見えるように持ち歩くことはなかった。しかし、銃身の短い.38スペシャル口径のコルト・ディテクティブ・スペシャル リボルバーを携帯することはあった。

■ダグラス・マッカーサー（1880～1964年）南西太平洋戦域最高司令官は拳銃を携帯しなかったが、トンプソン短機関銃で武装した屈強なボディガードが護衛についた。第1次大戦当時准将だったマッカーサーは、斥候と行動をともにする際も乗馬鞭しか持たず、防毒マスクもしばしば敬遠した。

2丁拳銃姿のパットン将軍 (Corbis)

■ジョージ S.パットン ジュニア（1885～1945年）第2軍

団、第7軍および第3軍司令官は個人調達した拳銃を使用した。.45口径コルトM1873シングルアクション・アーミー・リボルバー、スミス&ウェッソン.357マグナム リボルバー、.38スペシャル口径のコルト・ディテクティブ・スペシャル リボルバー、.380ACP弾仕様コルトM1908ハンマーレス自動拳銃、.380ACP弾仕様レミントンM51自動拳銃、.32ACP弾仕様コルトM1903自動拳銃である。2丁拳銃姿がよく知られているが、通常は1丁のみ携帯した。通説ではグリップは白蝶貝(真珠母貝)製といわれているが、実際は将軍を表わす星のマークを刻んだ象牙製だった。

M1911A1自動拳銃
(M62/wikimedia commons)

■ホーランド M.スミス(1882~1967年)第5水陸両用戦軍団および太平洋艦隊上陸司令官は.45口径M1911A1自動拳銃と、しばしば.30口径M1カービンを携帯した。

ゲーリング元帥の愛銃は?

この項は米軍の将官とその拳銃に限定されているが、ナチス・ドイツのヘルマン・ゲーリング国家元帥(1893~1946年)に関して興味深い逸話がある。1945年に米軍に拘束された際、彼は特注ホルスターに入った.38スペシャル弾仕様スミス&ウェッソンM1905ミリタリー・アンド・ポリス・リボルバーを携帯していた。

■ロバート L.アイケルバーガー（1886〜1961年）陸軍第８軍司令官は.45口径M1911A1自動拳銃を携帯した。ショルダー・ホルスターとヒップ・ホルスターを交互に使い、後者の場合は私物の狩猟用ナイフもピストルベルトに吊るしていた。

右のサスペンダーにMk2手榴弾を吊るすリッジウェイ将軍（US Army）

■マシュー B.リッジウェイ（1895〜1993年）第82空挺師団長、第18空挺軍団および陸軍第8軍司令官は.30口径スプリングフィールドM1903小銃と.45口径M1911A1自動拳銃を携帯した。戦闘服のサスペンダーにMk2A1破片手榴弾２個を吊るしていたとされるが、実際は１個だった。演出効果を狙ったものではなく、窮地を脱する際に手榴弾が実用的だからだと主張した。

■マックスウェル D.テイラー（1901〜1987年）第101空挺師団長は.30口径M1A1カービンと.45口径M1911A1自動拳銃を携帯した。自らジープを運転し、運転席の脇には革製ライフルケースを取り付けていた。

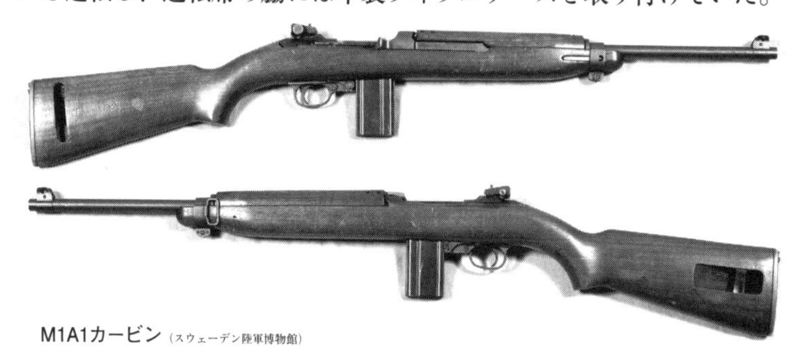
M1A1カービン（スウェーデン陸軍博物館）

17 アサルト・ライフルとは何か？

アサルト・ライフル（突撃銃）とは全・半自動切り替えが可能で、中間サイズの弾薬（小銃や機関銃の弾薬より小さく、拳銃や短機関銃の弾薬より大きいもの）を使用し、20〜30連発の大容量マガジンを備えたコンパクト・ライフル（小型高機能自動火器）という定義が一般的である。近距離の目標に対して大量の銃弾を浴びせることを目的としているため、長距離での精度は小銃に比べて高くない。ピストルグリップや消炎器、銃剣が装着できるという理由だけでその小銃がアサルト・ライフルに区分されるわけではない。これらは単に軍用銃の一般的な特徴の一部だからだ。

戦場で実用テストされた実験的なアサルト・ライフルはいくつかあるが、本格的に実戦使用された最初のアサルト・ライフルはドイツのMP.43で、この種の兵器のモデルとなった。このマシン・ピストルはコンパクトだが、比較的重量があり、特殊な7.9×33mmの短弾薬を使用した。全・半自動切り替え機能を備え、マガジン容量は30発。ピストルグリップはあるものの消炎器と着剣装置は付いていない。改良型のMP.44は1944年7

Sturmgewehr 44（スウェーデン陸軍博物館）

月に生産が開始され、間もなくStg.44アサルト・ライフルと改称された。これはMP.38やMP.40短機関銃など9mmパラベラム弾を発射する従来のマシン・ピストルと区別して、弾薬補給時の混乱を防ぐとともに新しい兵器の特性をより正確に示す名称でもあった。このアサルト・ライフルに先行した試作小銃はMKb.42（マシン・カービン試作b型1942年モデル）と呼ばれた。

18 日本本土侵攻が行なわれていたら、米軍はどのような新型兵器を使用していたか？

1944年と1945年に制式化された米軍の新型兵器は多いが、そのほとんどは第2次大戦中に実戦使用されることはなかった。しかし仮に戦争が継続していたら、このうちのいくつかは日本本土の九州や関東地方への侵攻作戦に大量に投入されていたであろう。

以下に示す兵器は早期に全部隊に支給されることはなかったと思われるが、上陸作戦の初動部隊が戦闘でこうむる損失を補充する装備品として供給されたであろう。

兵器名	備考
.30口径 M2カービン	全・半自動切り替え機能付きM1カービン
.30口径 M1A3カービン	改良型折りたたみ銃床付きM1カービン
.30口径 T3カービン	アクティブ赤外線スコープ付きM1カービン
.30口径 T22E2ライフル	全・半自動切り替え機能付きM1ライフル（M2ライフルと名称変更された可能性あり）
.30口径 T26「タンカー・カービン」	短縮型M1ライフル

.45口径M3A1サブマシンガン	改良型M3「グリースガン」
2.36インチM18ロケット弾発射筒	改良型のM9A1バズーカ
60mmT18E6迫撃砲	改良型60mmM2迫撃砲
105mmT13E6迫撃砲	81mmM1迫撃砲の補完用
57mmT15E9無反動砲	新型強襲兵器システム
75mmT21無反動砲	37mmM3A1対戦車砲の後継
4.2インチM4直接照準迫撃砲	新型の対掩蔽壕兵器システム
M39（T41）装甲多用途車	新型の装甲支援車両
M24チャフィー軽戦車	75mm主砲を装備。M5A1軽戦車の後継
M26パーシング戦車	90mm主砲を装備。M4A3シャーマン戦車の一部と交代。
40mmM19連装自走対空機関砲	牽引式の40mmM1対空砲の一部と交代。
105mmM37自走榴弾砲	105mmM7自走榴弾砲の一部と交代。
155mmM40自走榴弾砲	牽引式の155mmM1A1榴弾砲の一部と交代。
155mmM30自走砲	牽引式の8インチM1砲の一部と交代。
8インチM34自走砲	牽引式の8インチM1砲の後継。
240mmT92自走榴弾砲	牽引式のM1榴弾砲の後継。

19 自動拳銃ではなくリボルバーがパイロットに支給された理由は？

1980年代後半、9mm口径M9ピストルが部隊配備される以前、米軍パイロットは、大型でかさばる.45口径M1911A1制式拳銃の代わりに、コルトやスミス&ウェッソンの.38スペシャル口径リボルバーを支給されることがほとんどだった。

第２次大戦中に行なわれた調査で、パイロットが飛行機からパラシュートで脱出したり、不時着した際、敵の砲火で負傷したり、予期せぬケガで腕や手の自由を失うことが多いとわかった。自動拳銃を撃つためには片手で拳銃を持ちながら、もう一方の手でスライドを強く引く必要があるが、ケガをするとこれができなくなる（両膝に拳銃をはさみ片手でスライドさせることもできなくはないが、これは不便なうえ確実ではない）。

これに対しリボルバーは、自由がきく片手だけで弾薬を再装塡できるし、撃鉄を引くのも容易だ。また重いM1911より、支給されたリボルバーのほうが軽く、銃身の長さも５センチや10センチのものがほとんどで携帯性がよい。

20 最初の無反動砲は航空機搭載型だった？

意外な事実だが、最初の無反動砲は航空機用武装だった。1910年から1911年にかけ米海軍のクリーランド・デイビス中佐は、航空機から水上目標に対し機関銃弾などよりも威力の大きい砲弾を発射するための「無反動砲」を考案した。

この「デイビス・ガン」は長砲身の砲を２本、薬室を中央に砲尾と砲尾を背中合わせにつなぎ合わせたもので、前部砲身には施条あるいは腔綫と呼ばれる溝（ライフリング）が刻まれている。砲弾と同じ重さの鉛弾を反対方向に放出して反動を相殺する仕組みである。

砲の前部はカーチスNCシリーズ飛行艇の機首マウントに搭載され、水上艦艇や水上航行中の潜水艦を攻撃する。後部の砲身は同じ長さだがライフリングはなく、軸回転し前後の砲尾がずれるようになっている。砲弾を前部の砲尾に装塡し、後部を元の位置に戻しロックする。発射と同時に薬嚢（やくのう）の後ろに詰められた鉛の平衡弾が後部から上向きに放出される。平衡弾は砲弾と同じ重量があり、これによって反動が打ち消される。デイビス・ガンを発射する場合、後部砲身が向く射撃機の上空は危険界となり、近づくことはできない。

対潜水艦飛行艇の機首に装備された「デイビス・ガン」
（wikimedia commons）

デイビス・ガンは米海軍ではなく、英海軍航空部隊と英空軍によって、第１次大戦で使用されたが、顕著な戦果にはつながらず、1920年後半には使われなくなった。異なる作動原理による無反動砲が米国で再び検討されるのは、それから15年後のことであった。

ライフリングとは何か？

ライフリングとは銃身の内側に螺旋（らせん）状の溝（施条または腔綫という）を切る加工のことである。発射された弾丸はこの溝に食い込み、軸を中心に回転する。

このジャイロ効果によって弾道が安定し射程も長くなる。ライフリングの起源は不明だが、15〜16世紀にさかのぼる。

21 無反動砲は本当に反動がないのか？

実際に反動はない。肩撃ち式の無反動砲が発射される際、砲本体がいくらかバウンスするように見える映像や、顕著な後方爆風のイメージを「証拠」に反論する向きもある。あれほどの爆風を引き起こすモノが真に無反動であるはずがないというわけだ。しかし、このバウンスは反動によるものではない。射手は地面にぶつかって跳ね返ってきた高圧の砲口からの爆風と後方爆風によってあおられているのである。

1キロ以上の火薬が瞬間的に燃焼してなくなり、また、3キロ近い砲弾が同時に撃ち出されることを考えれば、両者による瞬時の重量ロスによって砲本体が動くのはもっともで、これはバズーカやRPG-7などの肩撃ち式ロケット弾発射筒やパンツァーファウストのような擲弾発射筒でも同様である。

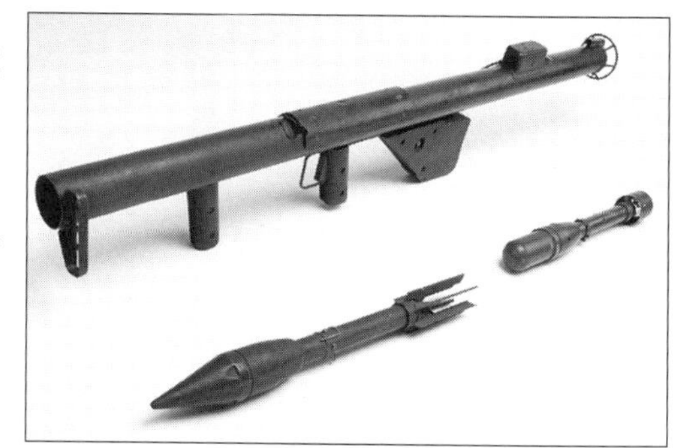

M1バズーカ (Carl Mlamud/wikimedia commons)

RPG-7の発射の瞬間 (USMC)

22 スウィーディシュ-Kはどんな兵器？

「スウィーディシュ-K」は第２次大戦末期に開発されたスウェーデンの９mm口径カールグスタフm/45b短機関銃のことである。「K」は「マシン・ピストル」を意味するスウェーデン語「Kulsprutepistol」に由来する。「スウィーディシュ-K」や「K-ガン」はニックネームで、ベトナム戦争初期にカールグスタフを使用した米軍特殊部隊での命名だ。

米軍にはCIAによって供給された。米海軍特殊戦部隊シールズも限定的ながら使用した。

カールグスタフm/45b短機関銃（CGM45）

23 ベトナム戦争中「トンネル・ラッツ」は特殊拳銃を支給されていたか？

ベトコンが構築したトンネル網に潜入したのが「トンネル・ラッツ（トンネルのネズミ）」と呼ばれた兵士である。歩兵と戦闘工兵の志願者からなり、トンネル内部の状況偵察や敵の武器、装備、物資、文書の捜索・押収、爆薬によるトンネルの破壊あるいは催涙ガス注入などを任務とした。大規模なトンネル網には敵兵が残留していた。ベトコンは近距離での銃撃戦を避け、トンネルの奥深くへと退却するのが普通だったが、それでも、真っ暗闇の閉ざされた空間でベトコンと遭遇する可能性があった。したがって、トンネル・ラッツはさまざまな拳銃で武装していた。

最も一般的なのは制式拳銃のコルト.45口径M1911A1。狭いトンネル内での発砲は、轟音で聴覚にダメージを与える。したがってこの口径の拳銃は最後の手段として使用された。耳栓やイヤープロテクターを着ける手もあったが、暗闇の中で行動するトンネル・ラッツにとって、微かな物音すら聞き漏らさないことが重要だった。

そこで供与されたのは、ハイ・スタンダード社製.22口径自動拳銃モデルHDおよび内蔵サプレッサー（サイレンサー）付きモデルHDMであった。いずれも.22口径ロング・ライフル弾を使用し、マガジンに10発装填できた。もともとは1943年に戦略諜報局（OSS）が調達したものである。サプレッサーは200発を撃つと効果がなくなったが、発砲の機会はめったになかったので大きな欠点とはならなかった。

1966年にサプレッサーと照準用ライト付きスミス&ウェッソン.38口径リボルバーも支給された。これは陸軍の試作トンネル偵察キットの一部であったが、ライトは不必要なうえサプレッサーは長すぎて銃のバランスが良くなかった。リボルバーは構造上サプレッサーを用いてもあまり消音効果がないのだが、それでも轟音

トンネル・ラッツ (Tom Laemlein)

を減少させ聴覚へのダメージを防いだ。

1969年には、クワイエット・スペシャル・パーパス・リボルバー（QSPR）が登場し75丁が支給された。これは「トンネル・リボルバー」や「トンネル・ガン」としても知られるが、スミス&ウェッソンM29 44マグナムを元に.40口径の拳銃用散弾を発射するように改造されたものだった。これは発射時のガスを閉じ込める構造になっていて、銃声を.22口径ロングライフル弾程度まで抑えることができたが、それでもトンネル内ではうるさすぎた。

24 ポンポン砲とは何か？

マキシム・ノルデンフェルト37mm機関砲のことである。別名「１ポンド速射砲」。機関銃の発明で知られたハイラム・マキシムが開発し、彼の手になる小銃口径機関銃を大型化したもので、1897年完成。水冷式で通常２輪の砲架に搭載された。イギリスのヴィッカース・サンズ・アンド・マキシム社およびドイツの銃器メーカーDWMやモーゼルでも製造された。

ノルデンフェルト37ミリ機関砲（Andrew Gray/wikimedia commons）

当初は採用を却下した英軍だったが、南アフリカにおける第2次ボーア戦争（1899～1902年）で敵軍が使うマキシム機関砲に直面した。身を隠す遮蔽物の少ない場所や防御の薄い陣地では、英軍は射程の長い本機関砲の砲火に甚大な被害をこうむった。英軍兵士が1ポンド速射砲を「ポンポン砲」と呼んだのはこの時で、軽快な発射音にちなんだものである。英軍がヴィッカース社製の1ポンド速射砲50門を調達したのはそれから間もなくだった。

第1次大戦では対魚雷艇武器として艦艇に搭載されたり、爆撃機やツェッペリン飛行船を撃墜するために使用されたりした。一方、ドイツもマキシムFlak M.14の名称で対空砲として採用した。

25 対戦車目的に特化した最初の兵器は？

戦車撃破用に設計された最初の兵器は第1次大戦にさかのぼる。1918年初頭、ドイツ軍は二脚架付きの重量16キロ、全長1.68メートルという巨大な単発ボルトアクション式対戦車ライフルを実戦配備した。モーゼル社製のモデル1918 Tankgewehr（タンクガン）である。口径13mmの13.2×92mmSR弾を使用した。

モデル1918タンクガン (Rama/wikimedia commons)

対戦車兵器にはなりえなかった野砲

1916年、戦場に初めて戦車が出現すると、これに対抗するための新型兵器が必要になった。ドイツ軍が英軍戦車に野砲で立ち向かった戦例もあったが、そもそも野砲は遠距離から地域や堅固な目標を制圧・破壊するのが、その役割である。大きく、重く、迅速な移動や射撃ができない野砲に対戦車戦闘は無理だった。十分な性能と威力を備えた対戦車砲が登場するのは、それから20年後のことだ。

26 ポンドで示される英軍兵器の砲弾は実際に額面通りの重さがあるのか？

第2次大戦中、大口径の英軍火砲にはメートルやインチではなく「ポンド」で口径が表示されるものがあった。これは黒色火薬を使用する前装式の大砲時代からの慣例で、当時、砲は発射する球形砲弾の重さで呼ばれていたのである。近代兵器の口径をポンドから換算する数学的手段は存在しない。つまり、砲弾重量から口径を割り出す数式はないということだ。ポンドによる口径表示は、実際の砲弾重量を四捨五入したもので誤差は通常半ポンド以内である。

これらの火砲には第1次大戦までさかのぼるものもあるが、大半は第2次大戦とそれ以降の戦争で使用された。大戦後、北太平洋条約機構（NATO）による弾薬などの共通化にともない、英軍はメートル法を採用した（英国でのメートル法導入は1965年）。継続使用中の古い火砲は、段階的に廃止されるまで「ポンド」や「インチ」で呼称された。ポンド表記された各種英軍火砲のメートルとインチの対応表を次ページに示す。

火砲の名称	口径(mm)	口径(インチ)	砲弾重量
2ポンド対戦車・戦車・対空砲	40	1.57	2.37ポンド
3ポンド戦車砲	47	1.85	3.24ポンド
6ポンド対戦車・戦車砲	57	2.24	6.28ポンド
13ポンド野砲	76.2	3	12.5ポンド
17ポンド対空・戦車砲	76.2	3	17ポンド
18ポンド野砲	83.8	3.33	18.5ポンド
20ポンド戦車砲	83.4	3.28	20.06ポンド
25ポンド野砲―榴弾砲	87.6	3.45	25ポンド
32ポンド対戦車・戦車砲	93.4	3.67	32ポンド
60ポンド野砲	127	5	60ポンド

（注1）3ポンド戦車砲：第2次大戦以前の制限付き使用
（注2）13ポンド野砲：第1次大戦の砲で制限付き使用
（注3）32ポンド対戦車・戦車砲：第2次大戦後、3.7インチ対空砲を用途変更
1ポンド＝約0.45kg（1kg＝約2.20ポンド）

27 伝説の短機関銃トンプソン・サブマシンガン小史

米陸軍のジョン T.トンプソン准将（1860～1940年）がジョン・ベル・ブリッシュ退役海軍中佐（1860～1921年）とともに開発したのが「トミーガン」の商品名で知られる短機関銃である。塹壕戦に適した、小型近接戦用火器を供給する目的だったが、試作品が実戦での審査のためフランスに送られる前に第1次大戦は終結した。

その後も改良は続けられ、1919年に「トンプソン短機関銃」とし

てデビューしたが、1920年代から1930年代を通じこの新型兵器の販売は伸び悩んだ。サブマシンガンという当時としてはユニークな兵器が陸軍に受け入られなかったからであり、海外セールスもふるわなかった。また全米の警察組織が、治安維持のため、街頭の警備に全自動火器を使用するにはまだ時期尚早だったこともある。

例外は連邦捜査局（FBI）、郵便公社、沿岸警備隊、そして犯罪者がトミーガンを使い始めた大都市の警察だった。また、中米諸国に対する軍事介入「バナナ戦争」では海兵隊が使用し、ジャングル戦や暴動鎮圧に有効であると結論した。

マガジンの互換性

1980年、NATO（北大西洋条約機構）が5.56×45ミリ弾を共通化して間もなく、マガジンも共通化したことはあまり知られていない。この合意によって、弾薬だけでなくマガジンにも互換性が生まれた。

NATOスタンダード・マガジン（STANAGマガジン）は基本的にはM16小銃用と変わらず、金属、ポリウレタンその他の材料で作られる。寸法とマガジンを固定するラッチのデザインのみが規定されており、20、30、40連発の箱形マガジンと90、100連発のドラムマガジンがある。

加盟国の小銃のデザインはさまざまだが、この数十年、あらゆる新小銃は「STANAGマガジン」を使えるよう設計されてきた。民間銃器メーカーが製作した軍用・警察用小銃や、NATO非加盟国の小銃も同様である。

セールスこそ低迷したが、民間人にもトンプソンは合法的に買うことができた。価格は200ドルほどだった。ギャングらが使うようになったのはこのためである（もっとも伝説とは裏腹に、マフィアや酒類密輸業者が実際にトミーガンを使ったケースより、映画の中に登場するほうが多かったであろう）。

英国のバーミンガム・スモール・アームズ社はヨーロッパ市場向けに7.65mmおよび９mmパラベラム弾仕様のM1926をライセンス生産しようと試みた。しかし、ほとんど注目されなかった。

1936年になり、陸軍はようやく改良型のM1928A1トンプソン・サブマシンガンを制式化し、海兵隊もそれにならった。1940年からは、レンド・リース武器貸与法に基づき大量のトミーガンが英連邦軍に供給され、自国製のステンとオーウェン短機関銃と交代する。1943年まで制式装備品とされた。

またトンプソンは多くのコマンド部隊や空挺部隊でも使用され、オーストラリア兵はニューギニアのジャングル戦で多用した。このほかにも中国の国民党政府にも多数供与され、少数はソ連に貸与されたM３およびM４戦車とM５ハーフトラック備え付け装備として送られた。第２次大戦直前、フランスは一定数を購入し、スウェー

トンプソン・サブマシンガン
M1928A1
口径：.45ACP
発射速度：600～725発/分
全長：857mm
銃身長：258mm（放熱フィン付き銃身）
重量：4.8kg（弾薬なし）
銃口初速：280m/秒
照準器：調整可能リアサイト
固定式フロントサイト
装弾数：20連発箱形マガジン

主要パーツに分解されたトンプソン短機関銃（Corleis/wikimedia commons）

デンと中国は複製品を製造した。

米陸軍と海兵隊は改良型M1およびM1A1トンプソンを1942年に制式化した。このモデルの最終的な単価は約50ドルに低減した。1943年後期には第一線を退き、M３短機関銃と交代する計画であったが、多くの部隊はそのまま使い続けた。

第一線を退いたトンプソンは主に国民党政府軍、自由フランス軍やレジスタンスなど連合国軍に支給されたが、イタリアに展開した英第８軍は自国製のステンよりトンプソンを好み、継続して使用した。さらにトンプソンの中には朝鮮戦争で使用されたものもある。またM１およびM1A1トンプソンは1960年代、南ベトナム政府軍に供与された。

実際には、米陸軍と海兵隊におけるトンプソンの配備は限られていた。陸軍では主に戦車やハーフトラック、戦車回収車に自衛用火

トンプソン短機関銃の別称

アンチ・ギャング・ガン（anti-gangster gun）
ギャング・ガン（gangster gun）
掃除機（room-cleaner）
対強盗銃（anti-bandid gun）
オルガン（grind-organ）
塹壕用ほうき（trench broom）
犯罪記録簿（Blotter）
芝刈り機（mowing-machine）
お喋り屋（Chatterbox）
シカゴ・バンジョー（Chicago banjo）
ピアノ（piano）
ポケットマシン（pocket machine）
タイプライター（typewriter）
肉切り包丁（chopper）
ガン（gun）
バイオリン（violin）
コーヒーグラインダー（coffee-grinder）
鋲撃ち器（riveter）

注）塹壕用ほうきはトンプソンの命名だとされる

器として1両に1丁装備され、小銃中隊への支給は認められていなかったが、歩兵らの手にたどり着くものもあったようだ。

1944年になって、戦域司令官が承認すれば1個小銃中隊につき6丁支給されるようになった。しかしこの場合も特定の兵士にあてがわれるのではなく、武器集積所に保管された。空挺隊員やレインジャー要員にも支給されたが、一般に考えられているほど広範に普及していたわけではない。

トンプソン短機関銃を撃つ海兵隊員。右はBARを携行する分隊自動火器射手(Nara)

太平洋戦域に派遣され、戦車や装甲車から下車し、歩兵として戦う機甲連隊には、1個分隊につき1丁が与えられた。海兵隊では1個師団につきわずか50丁で、しかも師団武器集積所に保管された。海兵小銃小隊が最前線で戦闘を行なう場合、海兵隊員らはM1カービンを好まず、トンプソンやM1ライフルの追加支給を受けることがしばしばあった。

画期的かつ人気のある兵器だったが、トンプソンには欠点もあった。

■トンプソンは重量があり、高価で精密加工と高品位材料を必要とした。その結果、製造コストがかさみ生産速度が上がらなかった。
■分解組み立てが難しかった。

■発射音が日本軍の九六式軽機関銃に似ていたため、太平洋戦域では友軍による誤射を招く恐れがあった。

■サイズが大きく初速が遅い.45口径弾は、密生した植生や森林の中では射程が短かった。また、至近距離でなければドイツ軍のスチール・ヘルメットも貫通できなかった。

■射撃時の銃口の跳ね上がりと銃口から出る衝撃波も問題だった。前者を改善する手段が試されたが、あまり効果はなかった。

M1928A2トンプソン短機関銃。後ろの写真は同銃を持つトンプソン准将（Jamie/wikimedia commons）

28 スナブノーズ・リボルバーが今も人気を集める理由とは？

スナブノーズ・リボルバー（獅子鼻リボルバー）というのは、コンパクトでフレームの小さい回転式拳銃のことである。銃身も短く5センチから8センチ。この種の拳銃はたいてい5発装填の回転弾倉をそなえ（従来型は6発）、グリップも短めが一般的。最新のモデルには軽量の高力合金製のものもある。

「スナビーズ」（スナブノーズ・リボルバーの短縮形）は隠しやすさを念頭に設計されており、犯罪者と私服警官がともによく使用する。制服警官はバックアップ用に使うこともある。軍のパイロットや民間人が携帯する場合は護身用である。昔からズボンのベルトに押し込んで携帯することが多いので「ベリー・ガン」（腹部に隠す銃の意）ともいわれる。

コルト・ディテクティブ・スペシャル
(adamsguns)

新しいモデルにはいくつかの設計上の特徴が与えられている。それは流線型のフロントサイト（あるいはフロントサイトをそぎ落としたもの）、エジェクターロッド（薬莢排出用のロッド）にロッド保護用のシュラウドという覆いを設け、指かけがないか一部を切り取った撃鉄や小さめのトリガーガードなどだ。銃を抜く際、衣服に引っかからないようにするための工夫である。

携帯用に特化した最初のスナブノーズ・リボルバーは.38スペシャル弾仕様のディテクティブ・スペシャルで、コルト社が1927年に製造した。1970年代セミオートマチック・ピストルルの登場でいったん需要が落ち込んだが、1990年代には復活した。多くの州で拳銃を隠して携帯することが合法になったことと、連邦法でマガジンに10発以上装塡できるセミオートマチック・ピストルが規制されたことによる。また一般的に言って、リボルバーのほうがセミオートマチック・ピストルより取り扱いが安全だということもある。

リボルバーを製造するガンメーカーの多くがスナブノーズ・モデルも販売している。コルト、チャーター・アームズ、ラーマ、米ルガー、スミス&ウェッソン、トーラスなどがよく知られており、.38スペシャル弾と.357マグナム弾仕様モデルが一番人気である。

リボルバーにサイレンサー？

小型軽量で銃身が短いスナブノーズ・リボルバーは、反動と銃口から出る閃光が従来モデルよりも大きい。実際に命中が期待できる距離はせいぜい６メートル以内。スナブノーズの銃口に巨大なサイレンサーをねじ込んだものが映画に出てくるが愚の骨頂だ。リボルバーに使用してもサイレンサーは効果がないからである。

29 マシン・カービンとは何か？

「マシン・カービン」は第２次大戦における英連邦軍の兵器分類で、短機関銃のことである。これらのサブマシンガンで最もよく知られているのが、ステンガンや戦前から大戦初期のランチェスター・マークⅠ、オーストラリアのオーステンとオーウェンで、口径はいずれも9mm。

「カービン」はふつう銃身の短い小銃、つまり騎兵銃を指す。「マシン・カービン」は銃身こそ短いものの小銃弾ではなく拳銃弾を使用するので、カービンの従来の定義に当てはまらない。

「サブマシンガン」は拳銃弾を発射する携帯性に優れた肩撃ち式全

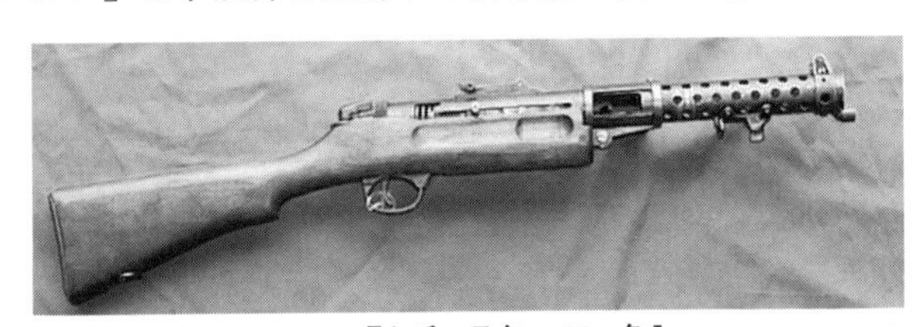

ランチェスター・マークⅠ (Fab-pe/wikimedia commons)

自動火器で、小銃弾を使用する機関銃や全自動ライフルより軽く小型である。「サブ・カービン」という名称もときおり見かけるが定着しなかった。第2次大戦に前後して各国で短機関銃が制式化されると、英連邦諸国の軍隊も「サブマシンガン」という分類を導入し始めた。しかし継続使用されていたステンなどは、マシン・カービンの名称はそのままだった。

30 世界初のサブマシンガンは何か？

ドイツで1917年に開発され、翌18年に配備されたマシン・ピストル9mm口径ベルグマンMP.18/1が世界初の実用的なサブマシンガン（短機関銃）である。設計はルイス・シュマイザー。設計者の名ではなく「ベルグマン」と呼ばれるのは、セオドア・ベルグマンの銃器製造会社で生産されたからである。

MP.18/1は木製銃床にパイプ状のレシーバー（機関部）を組み込み、放熱孔付きバレル・ジャケットと左側に32連発「スネイル・マガジン」を備えている。これは「ルガーP08アーティラリー・モデ

ベルグマンMP.18/1 (Edmond HUET/wikimedia commons)

ル・ピストル」に使用するものと同一である。3万5000丁あまりが製造され、主に塹壕攻撃、近接戦闘用に使用された。第1次大戦後はドイツの警察が広く用いた。第2次大戦前、ベルグマン短機関銃は軍や警察用として世界中に輸出された。日本では海軍陸戦隊が少数装備したが、使用はきわめて限定的だった。

31 CAR-15とは何か？

CAR-15（発音はカー・フィフティーン）とはコルト・オートマチック・ライフル・モデル15のことである。アーマライト社のAR-15ライフルから派生したM16小銃をベースにコルト社が製造した。初期モデルに付けられた民間名称がCAR-15。「コルト・コマンドー」や「ショーティ16」の別名もある。

米軍でも通常、CAR-15と呼ばれるこれらの小火器は、5.56mm口径XM177シリーズ・サブマシン・ガンで、ベトナム戦争において陸軍特殊部隊偵察チーム（マイク・フォース）やレインジャーの長距離偵察部隊が使用した。1966年に生産が開始され、最も広く使われたXM177E2（コルト・モデル629）の製造は1970年に終了した。

これに先立つ初期型はXM177（コルト・モデル610）とXM177E1（コルト・モデル609）。

XM-177 (USAF)

空軍仕様はGAU-5/A（コルト・モデル649）、GAU-5/A/A（コルト・モデル630）、（コルト・モデル629-XM177E2）およびGAU-5/P（コルト・モデル610-XM177）である。

これらのモデルの多くはGAU-5/Pバージョンに改修され、空軍憲兵隊で1980年代まで使用された。改良点は全長370mmの銃身、バードケイジ型消炎器、そして新型のM855弾に対応するライフリングだった。陸軍用と空軍用モデルは多数あるが、主な違いは銃身長、消炎器の形状、そして遊底（ボルト）の閉鎖を確実にするフォワード・アシストの有無である。

M4カービンの名前の由来は？

2002年、米紙ワシントンポストはアフガニスタンに派遣された陸軍特殊部隊の兵器についてある記事を掲載した。これによると、M４カービンはM16小銃シリーズ（M16、M16A1、M16A2）に続く４つ目のモデルなのでM４と呼ばれる、とある。だが、これは完全な間違いである。第２次大戦直前から数え、陸軍が制式化した４番目のカービンだからというのが本当だ。

M１カービンは半自動（M1A1は折りたたみ式銃床付き）、M２カービンは全・半自動切り替え機能付き、そして第１世代の赤外線暗視スコープを装備したM２カービンはM３カービンと呼ばれた。

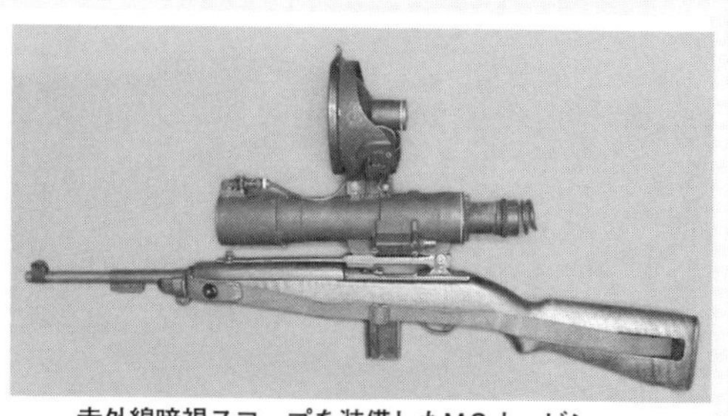

赤外線暗視スコープを装備したM３カービン (adamsguns)

32 最悪の米陸軍制式小火器は何か？

以下は筆者の見解である。米軍が制式化した中で最も劣悪な小火器は、フランスの８mm口径軽機関銃ショーシャーM1915である。二脚架を用いて射撃するショーシャーは、「未完成の自動小銃M1915 C.S.R.G.」とフランスで呼ばれた。Cは設計者のルイ・ショーシャー中佐、Sは兵器エンジニアのチャールズ・シュター、Rは製造会社マネージャーのポール・リベイロールス、Gは製造会社グラディエートル・サイクル・カンパニーの頭文字から取ったもの。

1917年以降はSIDARME社でも製造され、こちらの方がわずかながら品質が良かったといわれている。ショーシャー軽機関銃は第１次大戦初頭に開発され、実用試験が行なわれた。フランスでは当時すぐに生産に入れる軽機関銃はこれしかなかったことから制式化された。米国は1917年、フランスで制式化していたMle1915を採用し、M1915と呼称した。

米兵はフランス名称と本銃の射撃音をもじり「ショー・ショー」と呼んだ。もっともそれは弾が出ればの話であったが……。フランスに到着した最初の米軍23個師団はショーシャー軽機関銃を装備し

ショーシャー軽機関銃 (Janmad/wikimedia commons)

た。以下、主な欠陥を述べる。

■使い勝手が悪い。

■塹壕戦につきものの砂、ホコリ、泥で頻繁に作動不良を起こす。

■20発装備のマガジンの側面が開いていて、弾丸やスプリングが露出している。

■部品公差が大きく金属材質が劣悪である。

■1丁ずつ手作業で組み立てられており、部品の互換性が低い。

■フランス製8×50mmRルベル弾仕様のため、小銃小隊では歩兵の.30口径ライフル用と合わせて2種類の弾薬が必要になった。ルベル弾は送弾不良を起こしやすく、マガジンが極度に湾曲していた。

■コイル・スプリングを収めたシリンダーが銃床から突き出している。

■反動が大きく、銃床から飛び出したチューブで射手がアゴを打つ危険があった。フランス兵はこれを「平手打ち」と呼んでいた。

ショーシャー軽機関銃の唯一の長所は、重量が約9キロと当時の分隊支援火器であった英国製ルイスMkⅠ軽機関銃（約12キロ）やドイツ製MG.08/15重機関銃（約14キロ）より軽いことであった。ただこれらの銃器は重量がある代わりに、性能や信頼性ははるかに高かった。

第1次大戦時の英戦闘機に搭載されたルイスMkⅠ軽機関銃

33 モーゼル拳銃がブルームハンドル（箒の柄）と呼ばれた理由は？

モーゼル社は優れた小銃を製造したことで知られているが、それ以外にも多くの兵器を設計した。なかでも際だって特徴的なのがC96自動装填式拳銃で、驚くほど多くの名称で呼ばれている。

「C」は製造年を意味するドイツ初期の兵器表示。1895年、フィデル、フリードリヒ、ヨゼフ・フィーデルレ三兄弟によって設計され、当初はP.7.63（7.63mm口径ピストル）と呼称された。正式ではなかったが、フィーデルレ・ピストルという呼び名もあった。ポール・モーゼルが「モーゼル軍用拳銃」に改名を試みたとする説があるが、この名称は定着しなかったようだ。

C96は大型自動拳銃だが、意外とスリムな形状で、箒（ほうき）の柄に似たグリップから「ブルームハンドル」という風変わりなニックネームが付いた。

C96自動装填式拳銃。箒の柄と呼ばれるグリップに「9」とあるのは９mmパラベラム弾仕様の意。オリジナルの7.63mmモーゼル弾の誤装填を避けるためである。当時のボルト・アクション・ライフルのようにマガジン上部からクリップで装弾する。（M62）

34 ドイツ兵がMP.40短機関銃よりソ連のPPSH-41サブマシンガンを欲しがったのは本当か？

ドイツ兵が優秀な9mm口径MP.40より7.62mm口径シュパーギンPPSh-41を好んだという話はよく聞く。捕獲したPPSh-41で武装するドイツ兵の姿が多数写真にも残っているからである。これらの捕獲兵器はMP.717 (r) と呼称された。

MP.40を構えるドイツ兵（手前）(Topfoto)

1944年から1945年にかけて、新規に作られた9mm口径銃身とマガジン・アダプターが東部戦線のドイツ陸軍補給所に送られ、ここで9mm口径に改造されたPPSh-41もあった。マガジン・アダプターを付けることでMP.40の32連発マガジンが使えるようになり、改造後はMP.41 (r) と呼ばれた。

ドイツ兵がPPSh-41を使ったのはMP.40より優れていたからではなく、大量に捕獲された全自動火器によって部隊の火力が増したから

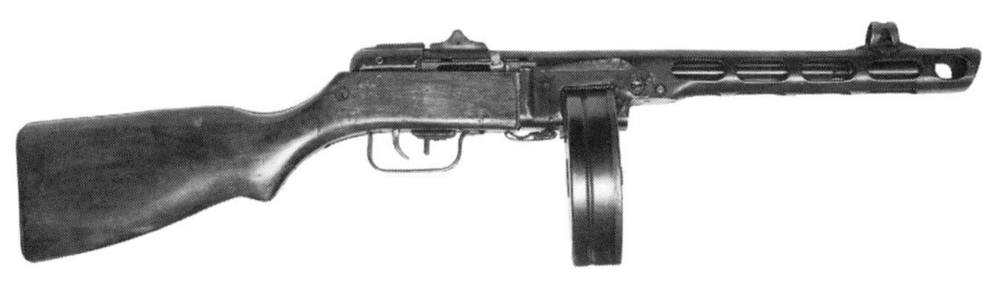

ドラムマガジン付きPPSh-41サブマシンガン (Leposka/wikimedia commons)

である。つまり、使えるものを使ったにすぎない。

当時、MP.40は慢性的に不足しており、多少欠陥があってもソ連製の改造サブマシンガンは森林や市街地での戦闘や夜間偵察に便利だったのだ。

右給弾と左給弾の違いは？

アメリカやドイツをはじめ、世界各国で作られた機関銃の多くは左側からベルト給弾を行なう。これに対しソビエト／ロシア製は右給弾である。英国ヴィッカース製とドイツ製シュパンダウなどマキシム・ガンを元に設計された機関銃が右給弾であることを考えると、ロシアはマキシム・ガンを使った初期の経験から右給弾を採用し続けたらしい。ほかの国々が左給弾を採用したのは、右利きの弾薬手が給弾する際、人間工学的により効率的だからである（戦車の同軸機関銃や航空機搭載機銃の中には右給弾タイプに改造されたものもある。またブローニング.50口径重機関銃は給弾メカ部品を換えるだけで右給弾に変換できる）。

右給弾の旧ソ連PK軽機関銃 (Habiermalik/wikimedia commons)

左給弾の米国M60汎用機関銃 (USN)

35 最高機密とされたピダーセン装置とは何か？

1914年、デンマーク生まれでレミントン社の優れた銃器開発者ジョン D.ピダーセン（1881〜1951年）は、拳銃用弾薬に似た小型弾薬を使い、手動ボルト・アクション式のスプリングフィールドM1903小銃を半自動で射撃できるようにする射撃補助具の開発を始めた。翌年、陸軍武器科に試作品を提示すると、陸軍武器科はその可能性に注目し、このプロジェクトを最高機密扱いとし、開発を秘匿して推進するために「自動拳銃.30口径M1918MkⅠ」の名称が与えられた。

ピダーセンの射撃補助具は、陸軍が関心を持った小火器の中でもとくに風変わりなもので、M1903のボルトを外して、そこに引き金やグリップなどのフレーム部分を持たないブローバック拳銃の機能を持った円筒に入れ替えて、斜め上からマガジンを装着し半自動で射撃すると左側に新たに設けられた排莢孔から空薬莢を輩出するというものだった。

このため、弾倉装着用の2本の溝を切り、給弾停止機能と連射用の逆鉤（引き金機構）を収める張り出し部分の追加改修が行なわれ、この改造型はM1903MkⅠと名付けられた。

弾薬の名称も秘匿のた

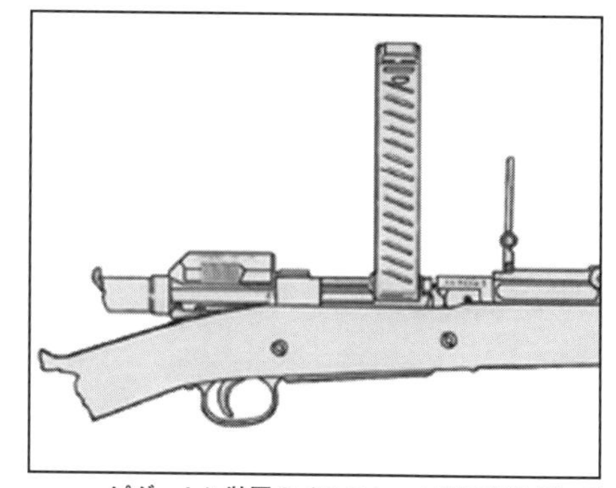

ピダーセン装置のイラスト。上部に突きだしているマガジンから左端までが、ボルトの代わりに挿入された半自動の機関部である（米国政府）

め「.30口径M1918拳銃弾」とされ、カートンにもそう印刷された。この準拳銃弾はリムレスで、弾丸は9.2グラム、薬莢の長さは19.9mmあった。9.7グラムの弾丸と63.3mmの薬莢からなる.30-06小銃弾に比べれば小型である。非公式ではあるが「.30-18ピダーセン弾」の別称でも知られた。

1918年、第１次大戦は終結し、結局ピダーセンの射撃補助具は実戦投入されることはなかった。1920年、米軍は第１次大戦後の主力小銃をM1903スプリングフィールド小銃として継続使用することを決め、M1917エンフィールド小銃を二線級装備として戦時即応保存品扱いにした。

ピダーセンの射撃補助具と弾薬も製造を中止され、すでに製造されていた少数も戦時即応の保存品に組み込まれた。ところが禁酒法時代（1920〜1933年）になり、ギャンクらの手に渡ること恐れた当局が、20丁を除きすべて廃棄処分するよう命令した。少なくとも言い伝えではそうなっている。

第2章
銃器の俗説

「半面の真理というものは、半分に割ったレンガのようなものだ。かなり遠くまで投げ飛ばすことができる」（19世紀の米国の著名な作家、オリバー・ウェンデル・ホームズ）。銃器に関するデマや俗説は、思春期の少女が男の子に抱いている幻想と同じくらい多い。なかにはひとり歩きを始め、いっこうに消えないウソもある。ある銃に関する「不可解な」事実を解き明かす過程で生まれた神話もあれば、誤解や思い違い、仮説にすぎないものもある。事実に基づいていても前後関係や背景を無視した解釈も少なくない。単なる「武勇伝」や軍隊版「都市伝説」の類いもある。本章ではこのような事実誤認の払拭を試みる。多くの場合、これらの俗説や神話は無害だが、なかには危険きわまりないものもある。

36 ロシアで設計されアメリカで製造された小銃をロシア内戦に出兵した米兵が装備していた？

ありそうもない話だが、史実である。第1次大戦中、ロシアは自国の工場だけでは十分な数のライフルを生産することができなかった。そこでロシア政府は1915年、150万丁のモシン・ナガン7.62mm口径M1891/10ライフルと銃剣、1億発の弾薬をレミントン社に、180万丁をウェスティングハウス社に発注した。

1917年1月、35万6660丁が納入されたが、ロシア革命が起こると武器禁輸によってさらなる納入は中止された。約250万丁が実際に生産され、米陸軍はそのうちの20万8050丁を訓練用として採用した。第1次大戦に参戦した米国でも、M1903スプリングフィールド小銃とM1917エンフィールド小銃が不足していたからである。1918年7月、米陸軍はこれを「ロシアン・ライフル7.62mm口径」と命名した。

1918年から19年にかけて、米国は第339歩兵連隊をロシア北西部の都市アルハンゲリスクとムルマンスクに派兵した。ロシア内戦から現地の欧米人と米国権益を守るためであった。米兵は派遣先で調達するロシア製弾薬を使用できるようモシン・ナガンを装備していた。1920年、米軍はこれらのライフルを残して母国へ撤兵した。

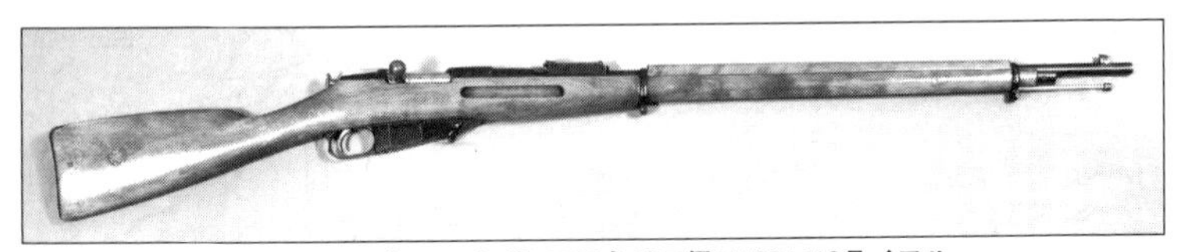

モシン・ナガン7.62ミリ口径M1891/10ライフル（スウェーデン陸軍博物館）

37 ドイツのMG.34汎用機関銃が「シュパンダウ」と呼ばれる理由は？

7.9mm口径MG.34機関銃は「シュパンダウ」あるいは「シュマイザー」などと呼ばれることがある。MG.42も同様である。これは知

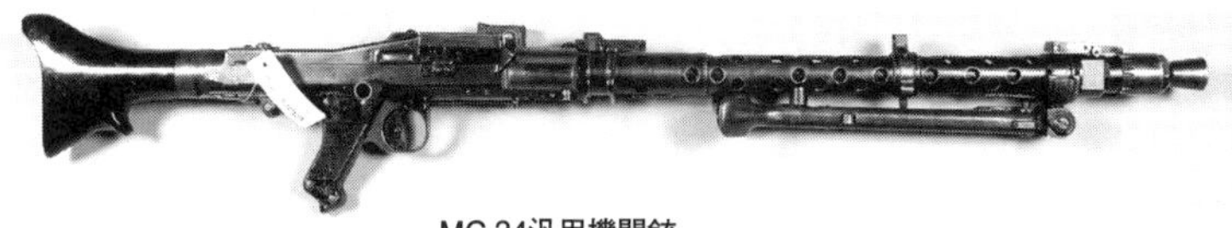

（スウェーデン陸軍博物館）

MG.34汎用機関銃
口径：7.92×57mm
給弾方式：50連発ベルトあるいは75連発ドラム・マガジン
発射速度：900発/分
全長：1219mm
銃身長：627mm
ライフリング：右回り４条
重量：12.1kg

識不足か誤解や思い違いが原因である。「シュマイザー」との混同はMP.38およびMP.40サブマシンガンと、「シュパンダウ」との場合は、第１次大戦の7.9mm口径水冷式重機関銃MG.08と取り違えた結果である。

マキシム・ガンの派生型MG.08はベルリン郊外のシュパンダウ造兵廠などで製造され、弾薬装填カバーには大きく「シュパンダウ」と刻印されていた。この名前が定着し、戦場でMG.08に遭遇した英兵はMG.08を「シュパンダウ」と呼んだ。

MG.34はMG.08とは似ても似つかぬ軽便な汎用機関銃である。第２次大戦の英兵がこれを「シュパンダウ」と呼ぶことがあったが、おそらく彼らの父親世代の戦争体験が元になっているのであろう。

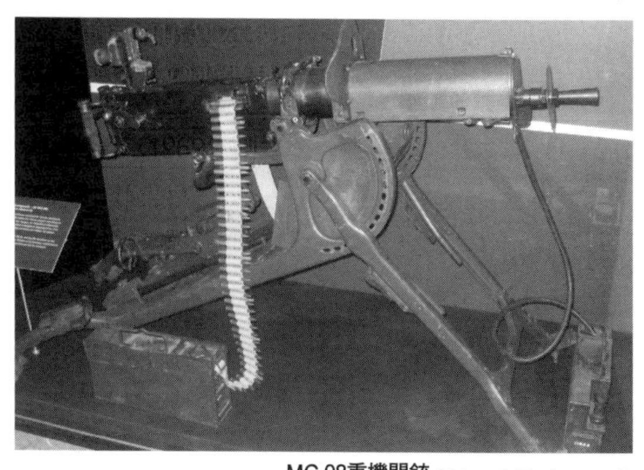

MG.08重機関銃（Burtonpe／wikimedia commons）

38 小銃擲弾は肩撃ち姿勢から発射できないというのは本当か？

基本的には事実である。重い擲弾を発射する際は、肩を骨折するか相当な痛みをともなう反動が生じるからである。軽量の擲弾なら肩撃ちできる可能性はあるが、マニュアルには「擲弾は銃床を地面につけて発射する」とある。遠距離目標に向けて間接照準で対人擲弾を撃ち込んだり、発煙弾、信号弾、照明弾などを使用したりする場合は、銃床を地面に付け、直立に近い角度から発射する。

しかし、銃眼や窓など至近距離の点目標に向けて、対人あるいは白燐擲弾を撃ち込んだり、戦車に対して発射したりする場合は水平射撃を行なった。肩を反動から守るために腕で銃床をはさみ、胴体に押しつけ、上向きの強い跳ね上がりに備えながら発射した。小銃擲弾筒用の着脱式ゴム製リコイルパッドを支給した軍隊もあったが、ほとんど使われることはなかった。

M1ガーランド小銃の先端に装着された擲弾 (U.S.Army)

39 ガトリング・ガンは実際にどれほど広く使われたのか？

手動クランクで作動する多銃身のガトリング・ガンは、リチャードJ.ガトリング博士（1818〜1903年）が1861年に発明、1862年に特許をとった兵器である。重量があり、通常は二輪台車に載せて移動したが、なかには三脚架を装備した小型モデルも存在した。いずれも直接照準の火砲のように用いられ、近代的な機関銃の運用法とは異なっていた。さまざまな口径の黒色火薬実包用モデルがあったが、1890年代初頭には無煙火薬実包も使われ始めた。

しばしば映画に登場するドーナツ型のドラム・マガジンが出回ったのは1883年以降。これは弾詰まりを起こしやすく、箱形マガジンのほうがはるかに効率がよかった。米国はガトリング・ガンを広く実戦で使用することはなかったが、英国、ロシア、そのほかの欧州

ガトリング・ガン (Mary Evans)

諸国は1880年代、主に植民地の派遣軍が運用した。

南北戦争で使用されたガトリング・ガンはすべて個人調達されたもので、１門約1500ドルと1860年代としては法外な値段だった。使用は限られていたにもかかわらず、この新兵器の実用性は「１門で、小銃を持った歩兵百人に相当する」として多くの関心を集めた。

米陸軍がガトリング・ガンを制式化したのは南北戦争から１年後の1866年。これがM1865である。それからの40年間、19種類にも及ぶモデルを使用したが、いずれも改良点はわずかだった。

米国とスペインの間で行なわれた米西戦争と、それに続くフィリピンとの米比戦争でガトリング・ガンは限定的ながら使われた。また同時期、米海軍は艦載用および上陸部隊用兵器として若干使用している。

1884年以降、マキシム機関銃をはじめとする厳密な意味での機関銃が開発されると、各国軍隊はガトリング・ガンを新兵器の機関銃に交代させた。ガトリング・ガン・カンパニーは、ガトリング博士の死後まもなく破産。特許を買ったコルト社が最後にガトリング・ガンを製造したのは1911年で、1915年には旧式とされた。

白人入植者と先住民の間で行なわれたインディアン戦争では、陸軍が数百丁装備していたにもかかわらず、ガトリング・ガンはほとんど使われていない。アウトローたちがガトリング・ガンを使う西部劇は数多くあるが、この時代に民間人が同銃を使用したという記録は残っていない。

ガトリング・ガンさえあれば第7騎兵隊は全滅をまぬがれたか？

1876年、リトル・ビッグホーンでジョージ・アームストロング・カスター中佐（1839～1876年）指揮下の第7騎兵隊が全滅した。部隊配備されていた2門のガトリング・ガン（.50-70 M1866かM1871だと思われる）を駐屯地に残すようカスター中佐が命令していなかったら、この悲劇は避けられたという説がある。

重いガトリング・ガンと弾薬箱が迅速な行軍の妨げになると考えた結果だったが、その判断は副官のマーカス・リノ少佐が偵察に出かけたときの経験にもとづいていた。

ガトリング・ガンを装備したリノの斥候部隊はでこぼこ道に阻まれて進めず、おまけに馬車1両が横転し、3人の兵士が負傷した。ガトリング・ガンは2門ともその場に放棄され、帰路回収することとなった。同銃に関しては、弾詰まりが頻繁に起こるなど、故障が多いことも、その理由の1つだった。

分散していたカスター隊は、丘の上から側面目がけて突撃してきた推定1200人のネイティブアメリカンに不意をつかれた。207名の騎兵は瞬時に圧倒され、多くはパニック状態で丘陵地帯を逃げまどった。小規模な組織的防戦態勢をとる時間すらない状況である。

映画や絵画で「カスター最後の抵抗」として描かれたような、円陣を組んでの防戦など論外であった。この戦況では、仮にガトリング・ガンがあったとしても、第7騎兵隊の全滅は避けられなかっただろう。

40 米軍のM60汎用機関銃はドイツ製MG.42のコピーか？

米軍の7.62mm口径M60汎用機関銃はドイツ製7.9mm口径MG.42をコピーしたものだとする見解が多い。しかしM60がMG.42から借用したのはベルト式給弾装置だけであり、しかも大幅な変更が加えられていた。また、作動メカニズムも、MG.42の反動利用式ではなくガス圧作動式を採用しており、これはアメリカのルイス式機関銃も採用していた古くからある信頼性の高いものだった。したがってM60が「ヒトラーの電動ノコギリ」（訳者注：MG.42の発射速度は極めて高く、射撃音が途切れなく聞こえたため、連合軍兵士らがつけたニックネーム）のコピーとは言えないであろう。

米軍はしかしMG.42をそのままコピーした銃を作っていた。1944年に製造されたT24で口径のみ.30インチに変更されていた。この米国製弾薬の薬莢は63mmあり、オリジナルの57mmより長い。この差を製造過程で考慮しなかったため排莢に必要なリコイルが得られず、この試作品は作動しなかった。再設計による欠陥修正は行なわ

（Bukvoed／wikimedia commons）

M60汎用機関銃（Polanksy Kolbe／wikimedia commons）

れないままT24プロジェクトは放棄された。

MG.34およびMG.42からコピーされたものがあるとすれば、それは「汎用機関銃（general purpose machine gun）」という運用思想である。M60とこれらのドイツ製機関銃は短時間で銃身を交換できる機能を備え、二脚架を使えば軽機関銃として、三脚架に載せれば遠距離目標に対し連続射撃もできる拠点防御用の重機関銃として使用できる（もっともM60は後者の役割に最適であるとは言えないが）。

41 .30カービン弾仕様の軍用銃はM1とM2カービンだけだったか？

.30カービン弾はカービン銃にのみ使用されたと思う人は多い。それは間違いではない。ただし試作銃を考慮すれば話は別である。

1944年1月、スミス&ウェッソン社は武器省（陸軍武器科の前身）に.30カービン仕様のリボルバーを提出した。制式拳銃.38スペシャル弾仕様ミリタリー&ポリスを改修したもので装弾数も同じ6発だった。カービン弾はリムレスだが、わずかながら基部が太くなっているので、シリンダーにしっかり装填できた。テストの結果、試作リボルバーはそれなりの命中精度を発揮したが、.45ACP弾に比べると威力不足が明らかで、また、銃口からの発射ガスの噴出が激しくイヤープロテクターなしには聴覚にダメージを与える恐れがあったが、これは実際の戦場では装着できないものである。銃口初速とエネルギーでは現用.38スペシャル弾にかなり優っていた.30カービン弾だったが、陸軍はこのような拳銃を必要としていないとして制式化を見送った。

1944年後半.30カービン弾仕様のサブマシンガンが検討された。これは少なからずドイツの7.9mm StG.44に影響された結果であったが、出来上がったのはオリジナルとはかけ離れたものだった。3丁の.45口径M3E1（後日これがM3A1「グリース・ガン」となった）が.30カービン弾用に再設計され、T29と呼称された。ところが発射速度が毎分1500発と極端なものになり実用的でなかった。ちなみにM3A1の発射速度は350〜450発／分である。結局、このプロジェクトは全・半自動切り替え機能付M２カービンが制式化され、中止となった。最終的には、このM２カービンが米陸軍と海兵隊保有のすべてのサブマシンガンに取って代わった。

42 「シュマイザー」マシン・ピストルの設計者はシュマイザーではない？

一般に「シュマイザー」と呼ばれているのは、第２次大戦中ドイツ軍が使用したエルマ社製９mm口径短機関銃MP.38とMP.40である。しかし「シュマイザー」の名称は正しくない。MP.40は、MP.38の生産効率を上げるための簡略化モデルで、さらにシンプルなデザインのMP.40/Ⅱもある。生産性向上のため再設計された武器はコストも下がるのが普通だが、MP.40はMP.38より若干割高になっている。

米兵は毎分500発の発射速度にちなみ、MP.38やMP40を「バープ・ガン」（弾丸を吐き出すガン）と渾名したが、これはサブマシンガン一般の代名詞にもなった。ドイツ兵はサブマシンガンを「弾丸噴出器」のニックネームで呼んだ。

さて、本題のヒューゴ・シュマイザーだが、彼はハーネル社の主任設計者で、エルマ社のMP.38とMP.40のデザインおよび開発にはかかわっていない。MP.41の開発には手を貸したが、これはMP.40にライフルのような木製銃床を取り付けただけのモデル。全・半自動切り替えスイッチのほかには内部設計に変更はない。

ヒューゴ・シュマイザーは、MG.30や9mm MP.34マシン・ピストル、そして7.9mm MP.43、MP.44マシン・ピストルおよび7.9mm Mkb.42（H）マシン・カービンを設計したが、皮肉なことに、いずれも「シュマイザー」の名では知られていない。

2人のシュマイザー

小火器の設計者シュマイザーは2人存在する。ルイス・シュマイザー（1848〜1917年）は世界初の短機関銃であるMP.18/1を設計した。1917年のことである。彼の息子ヒューゴ・シュマイザー（1884〜1953年）はMKb.42マシン・カービンなど後期の自動火器を開発。これはMP.43/Stg.44アサルト・ライフルの先駆けとなったモデルである。この2人は各種文献などでよく混同されているのを目にする。あまり知られていないが、ヒューゴ・シュマイザーは1945年から1952年にかけソ連に強制徴用され、ミハエル・カラシニコフのもとAK-47アサルト・ライフルの最終設計にかかわった。

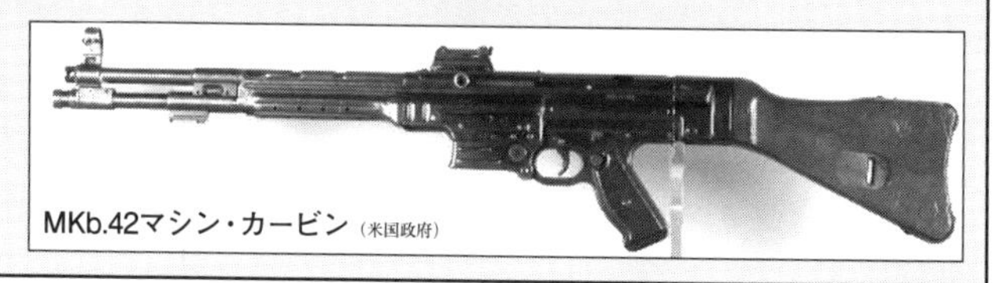
MKb.42マシン・カービン（米国政府）

43 「カービン」ウィリアムスは本当にM１カービンの発明者か？

一説では、警官殺しとウイスキー密造の罪でノース・キャロライナ州刑務所に服役中だったデビッドM.「カービン」ウィリアムス（1900～1975年）がM１カービンを設計したことになっている。看守の銃の修理を許されたウィリアムス服役囚は、その合間に獄中でショート・ストローク・ピストン・ガス作動方式とフローティング・チェンバー方式の設計・開発を成し遂げたというのである。減刑後に釈放されたウィリアムスは1939年ウィンチェスター社に入社。1941年５月、同社はのちにM１カービンとなる軽小銃開発契約を陸軍と結んだ。

ほどなくウィンチェスター社の設計技師、ウィリアム・ローマーとフレッド・ヒュームストンは.32口径ウィンチェスター自動装填ライフルM1905を基にプロトタイプを完成させたが、このM1905にウィリアムスの特許ショート・ストローク・ピストン・ガス作動方式が使われていたのである。８月、プロトタイプの性能に満足した陸軍は改良モデルの開発を許可、10月にはこれが制式化された。伝説とは異なり、M１カービンは「カービン」ウィリアムスだけの発明ではない。彼は開発にかかわった多くの１人なのである。

ウィリアムスは.22口径ライフルや散弾銃に使われているフローティング・チェンバーなどの考案にもかかわっている。訓練費用削減のため.22口径ロング・ライフル弾を.30口径機関銃で撃てるようにするアダプターも開発したが、作動不良を起こしやすく、代わりにスプリングフィールド工廠設計の訓練用機関銃が採用された。

44 M1ライフルの挿弾クリップ自動排出機能は兵士を危険にさらしたか？

.30口径M1ライフルは8発入り挿弾クリップの最終弾を発射すると、空になったクリップを自動的に排出する。この際「ピーン」という独特の金属音を発する。ボルトは開いた状態でロックされ、次のクリップを素早く挿入できる。

この金属音を聞いた敵が「空になったM1を再装填するのに数秒かかると気づく」という説があった。新兵はこの噂に不安をいだき、「設計上の重大欠陥」と吹聴する者もいた。この音を聞いた敵兵が再装填する前に突撃してきたという体験談もしばしば耳にする。

しかしながら、このような事態が実際に起きたことを証明する文献は知られていない。現実には戦場で兵士が1人になることは稀で、ほかの分隊メンバーは射撃可能だった。また耳をつんざく戦場の轟音のなかで空クリップが発する音を聞き分けるには、互いに目と目が合うほど接近していなければ不可能だっただろう。（訳注：挿弾クリップは兵士にとってそれほど使い勝手の良い給弾方式ではなかった。第一にクリップがなければ1発も銃を発射することができない。しかも8発の弾薬をクリップで装填するしかこの銃には再度全弾装填する方法はなく、途中給弾も実質できない）

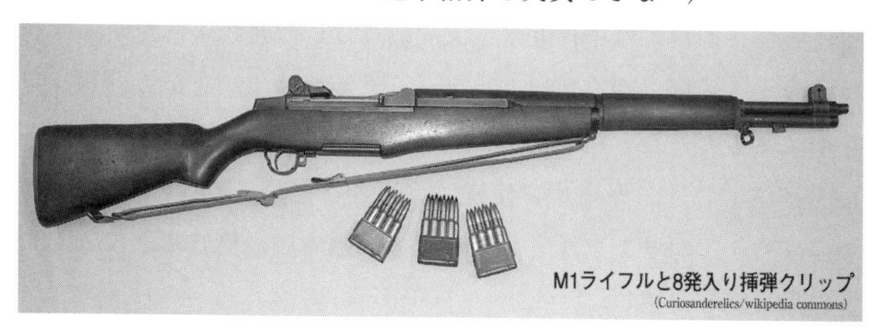

M1ライフルと8発入り挿弾クリップ
(Curiosanderelics/wikipedia commons)

45 「タンカー・ガーランド」とは何か？

この一風変った銃は「Ｍ１タンカー・カービン」としても知られている。兵士たちの間には長らく「Ｍ１カービンは威力不足で射程が短く、低木の茂みを貫通できない」というもっともな不満があった。しかし武器省は、Ｍ１カービンは自衛用火器であり前線での戦闘は想定していないと聞く耳を持たなかった。

1945年になり、太平洋戦争審議会はフィリピンに駐屯していた第6軍の武器科部隊に対し1503丁のＭ１ライフルを短銃身モデルに改造するよう指示を出した。これは簡単な作業ではなかった。銃身だけ切断すればよいというものではなく、ガス・シリンダーとオペレーティング・ロッド、オペレーティング・スプリング、それにフロント・ハンドガードも短縮したうえで銃身に新しいガス導入孔を空け、のちに再びガス・シリンダーに取り付けなければならなかったからである。（訳注：一般的にはガス導入孔の直径変更で対応するが、銃身長の短縮度合いによってはシリンダー径やピストン重量の変更などの調整が必要になる。自動銃の銃身短縮の難しさといえる）

Ｍ１ライフル並みの威力をもったカービン銃という発想は、小銃の全長のみ短くした本来の意味での騎兵銃（カービン）だった。太平洋戦域における機甲作戦は重大局面にはいたらなかったが、他兵科の兵士と同様、戦車兵（タンカー）も使い勝手のよいカービン銃を重宝するだろうということで「タンカー・カービン」と呼称された。1945年７月、カービン仕様に改造された約150丁のＭ１ライフルのうち１丁がサンプルとして武器省に送られ、第６軍は１万5000丁の短小銃を要望した。

その前年には武器省も類似の試作銃M1E5を空挺部隊用に開発していた。これは短銃身に加え、折りたたみ銃床とピストル・グリップを備えていたが、試作以上には進まなかった。M1E5の折りたたみ銃床とピストル・グリップを廃し、フロント・ハンドガードのみ短縮した銃床をつけたものはT26と命名された。テストの結果、同試作銃にはいくつかの問題点があることがわかった。反動および銃口からの噴出されるガスと発射炎が大きいこと。短くなったオペレーティング・ロッドがたわむこと。オペレーティング・スプリングの作動不良、そしてガス導入孔が薬室に近くなり汚れの付着がひどくなったことである。にもかかわらず１万5000丁のT26を限定調達することが認可され、1946年初頭には納品されるはずだった。しかし日本との戦争が終結したため、この計画は日の目を見ずに終わった。

1960年代、Ｍ１ライフルを改造した銃を「タンカー・カービン」として市販する銃器ディーラーが現われ、その名が一般にも知れわたるようになった。この販売戦略は、この商品が実戦で使われた本物の試作銃であるかのごとき印象を与えるものであった。

46 英陸軍小銃SMLE（スメル）は何の略語か？

SMLEとは、.303口径、ライフル、ショート（S）、マガジン（M）、リー（L）・エンフィールド（E）、No.1MkⅢおよび類似の銃の名称である（これは英陸軍が武器命名法を変更した1926年より前に生産された銃のみ適用する）。銃口が銃床の先端からほんの少しだけ突出している形状に特徴がある。

SMLE（発音はスメル）として知られるが、英兵は「スメリー」とか、単に「エンフィールド」と呼んだ。制式化は1907年。以来、No.4Mk I 小銃がイギリスとカナダに採用される1931年まで英連邦諸国軍の制式小銃の座にあった。最も優れたボルト・アクション式小銃の1つだ。後年開発されたNo.4Mk I 小銃もSMLEと呼ばれることがあるが誤りである。（訳注：これは単にイギリス軍の命名方法が変更されSMLEという呼称がなくなったためで、銃そのものの基本構造に大きな変更があるわけではない）

SMLEがなんの略であるかをめぐってはいくつか「伝説」がある。「ショート・マガジン、リー・エンフィールド」（短弾倉、リー・エンフィールド）が一般的だが、短いのは銃の全長でマガジンではない。句読点を入れた「ライフル、ショート、マガジン、リー・エンフィールド」（短小銃、マガジン、リー・エンフィールド）が正しいが、前者は伝統的に公式文書にも使われ、ほぼ定着している。

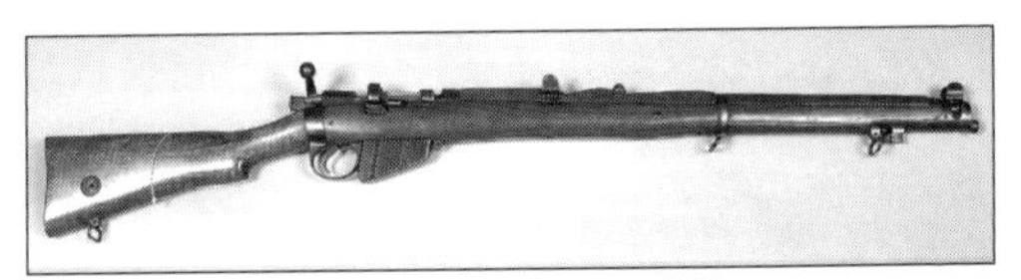
SMLE MkⅢ小銃（スウェーデン陸軍博物館）

一方でSMLEは「ショート・マズル、リー・エンフィールド」だとする見解もある。銃口がマズル・キャップとほぼ同一平面にあることを指しているが、これも誤りである。

SMLE MkⅢ小銃を持つ米兵（NARA）

47 「.60口径機関銃」って何？

.60口径機関銃という表現はマスコミにしばしば見られ、小説やベトナム戦争を扱った自叙伝、あるいはネット上の兵器フォーラムなどにも登場する。.50口径とすべきところを単に書き誤ったものもあるが、多くは.60口径とはほど遠い7.62mm（.308口径）M60機関銃を誤って呼んだものである。検索すればわかるが、M60を.60口径マシンガンと呼称する間違いはネットに氾濫している。

記者や小説家の手抜きリサーチ、あるいは銃器に関する知識不足が原因であるが、かつて南ベトナム軍兵士が、.30口径M1919A6中機関銃を「ナンバー30」、.50口径M2重機関銃を「ナンバー50」、そして7.62mmM60汎用機関銃を「ナンバー60」と呼んだことも混乱を拡大させているようだ。この手の混乱は.60口径機関銃にとどまらない。9mmを「9口径」、22mmを.22口径とするのもよく見かける。なんと「.8インチ艦砲」（20.3mm）まで「8インチ艦砲」（203mm）と取り違えるほどである。さらに甚だしいのは「AK16半自動機関銃」などというシロモノまである。

48 南北戦争の激戦地に放置されたマスケット銃には火薬と弾丸が複数装填されていたというのは本当か？

南北戦争の戦場から回収されたマスケット銃には、火薬と弾丸が複数装填されていたという。これは事実であり、しかも驚くべき頻度で起きていた。1863年、北軍が南軍の北進を阻止したゲティスバーグの戦いでは、約３万5000丁が両軍によって戦場に残され、このうち１万1000丁には弾が込められていなかった。発射準備ができていた２万4000丁のうち6000丁は通常装填、1万2000丁は二重装填、6000丁は３～10回装填、１丁は22回装填されていることがわかった。

実戦経験の浅い兵士が動転し、雷管が落ちたことを見逃したのが原因だろうが、そこで考えられるのは、当時、弾込め手順を練習する際、本物の雷管を装着しなかった訓練方法である。雷管装着ステップを省くかその動作のみで済ませる反復練習に慣れた兵士らは、戦場で雷管なしで引き金を引いたかも知れない。戦闘中の激烈な轟音やストレス、パニックで不発に気づかず、訓練時に叩き込まれたとおり自動機械のように再装填を繰り返したというわけだ。

ラムロッド（弾を込めるための棒）が銃身の奥まで入らず、不発に気づく兵士もいただろう。このような場合、自分の銃を捨て、代わりに戦死者の銃を使ったはずだ。不発弾を取り除くためには、ラムロッドに取り付けた抽出機が必要だが時間がかかり、最前線では実行不可能だったからだ。

49 ＴＶドラマ『0011ナポレオン・ソロ』のハンドガンは実銃か？

1964年から1968年にかけて放映されたテレビ番組『0011ナポレオン・ソロ』（原題：The Man from U.N.C.L.E）と９本の関連映画では、ロバート・ボーンとデビッド・マッカラム演じるエージェント・コンビのナポレオン・ソロとイリヤ・クリヤキンが多目的拳銃を携帯していた。これは実銃ではない。

当時としてはモダンな外見で、一般的な視聴者には馴染みが薄いドイツのワルサーP38が原型。グリップは輪郭を変えるため大型化され、右側にはスコープ装着用マウントが付いている。銃身は6.5センチ切り詰められ、オリジナルの半分になった。これによって銃口上部にあったフロントサイトはなくなったが代替サイトは加えられなかった。空包を撃つシーンで実銃のP38が使用されたほかは、合成樹脂製のステージ・ガンが用いられた。登場する数々のアクセサリーは機能しない。

たとえこの実銃が存在したにしても、実用的ではなかっただろう。6センチしかない銃身では命中精度が劣悪だし、弾丸の初速もエネルギーも減少したはずだ。逆に反動、銃声、銃口からの発射炎や噴出ガスは大きく、装着された小型のバードケージ・コンペンセイターではほとんど緩和できない。フロントサイトなしでは精密射撃は望むべくもなく、また、サイレンサー（サプレッサー）は小さすぎて消音効果はなかったと思われる。

番組の終了にともない撮影用ステージ・ガンは売却され、現在では収集家のあいだで高値を呼んでいる。レプリカも製造されたが、映画に出てくるモノとはかなり異なっているようだ。

P38ベースのステージ・ガンを持つイリヤ・クリヤキン（フロントサイトがないことに注意）
(The McDermott Company／wikimedia commons)

50 拳銃の横撃ちは有効か？

ピストルやリボルバーを左に90度傾けて（右利き射手の場合）構えるのが「横撃ち」と称されるスタイル。映画に出てくるので、素人は「格好いい」し、実用上の価値や利点があるはずだと考えるが、答えは「ノー」である。不格好であることに加え、横撃ちでは照準がしにくく、射撃精度も失われるのでお薦めできない。

拳銃の横撃ち (istock)

51 映画によく登場する分解式ライフルの正体は？

1960年代から80年代初めにかけ、多くの映画にプロの暗殺者が使う分解式ボルト・アクション狙撃銃が登場した。殺し屋がケースに入った銃を人目のない屋上やホテルの一室で取り出す。銃身を機関部に差し込みスコープを装着。禍々しい仕草で銃弾を装填し、まったく気づいていない相手を抹殺するというシナリオだ。

銃身を含む前部と機関部を含む後部のねじ山をかみ合わせて固定する巧妙な作りで、実物は非常に稀な銃である。

映画では銃床がより近代的に見えるよう金属製に変更されているが、正体は日本軍の7.7mm口径二式小銃（1942年）。落下傘部隊用に九九式短小銃（1939年）を改造したものである。分解式ライフルはいくつか種類があるが、挺進落下傘用を略して「テラ銃」と総称される。落下傘兵の胸部か脚部の銃袋に入れて降下し、開傘後は短いロープに吊るして着地する。初期型は1941～1942年に開発されたが、銃身と機関部の固定方式が不十分だったため二式「テラ銃」が配備されることとなった。1943年5月のことである。

52 火炎放射器は頻繁に爆発し、射手を焼き殺したというのは事実か？

一般人の思い違いや映画でしばしば描かれる場面とは異なり、火炎放射器は銃弾や砲弾の破片が当たってもめったに爆発しない。ガソリン容器や車両の燃料タンクも同様である。発火するのは気化した燃料で、液体状態の燃料ではない。

火炎放射器には小型の噴射ガスタンクと燃料タンクがあり、いずれも加圧されている。気化した燃料を飛ばすための圧搾ガスには不燃性の窒素か二酸化炭素が使われ、噴射後は液体状態にもどる。燃料タンク内の圧力はそれほど高くなく、万一、銃弾が貫通した場合でもガスや燃料は漏れ出るだけで無害である。また、ガスと燃料にはスパークの発生を抑える働きがあるう

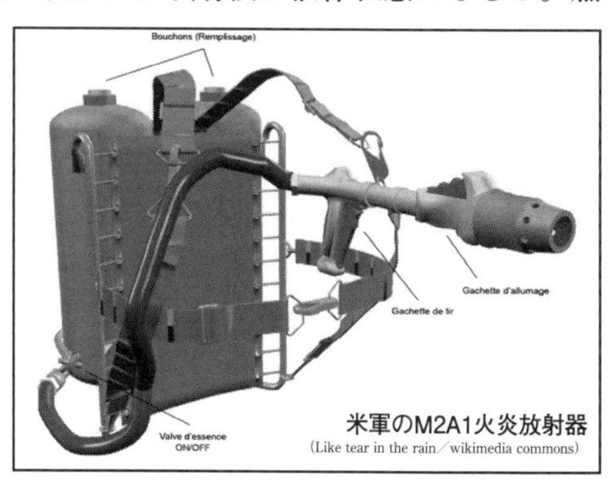

米軍のM2A1火炎放射器
（Like tear in the rain／wikimedia commons）

え、弾丸の温度程度では発火しない。しかし、全自動火器から発射された複数の徹甲焼夷弾が当たれば別である。

射手にとっていちばんの危険は、重く（平均34キロ程度）大きなタンクを背負っているため動きが鈍くなり、すぐ火炎放射器だとわかってしまうことである。

53 ベトナム帰還兵が全自動火器を合法・非合法で持ち帰ったというのは事実か？

陸軍兵や海兵隊員のなかには、非合法武器の密輸に成功した者がいたかもしれない。しかしこれは容易なことではなかった。アメリカへ帰還する将兵の手荷物は、戦地をあとにして「現実の世界」へ向かうチャーター便「フリーダム・バード」の搭乗前に憲兵が点検。到着した空港でも再度、税関検査が行なわれた。

戦利品は１点に限り持ち帰ることが認められていたが、事前に申請書を提出したうえ、所属部隊の情報参謀から許可を得る必要があった。武器はＡＴＦ（アルコール・タバコ・火器および爆発物取締局）の1934年連邦銃器法が認めるものでなければならず、全自動火器や爆弾、爆発物、実弾は許可されなかった。火薬と起爆装置、遅延信管を取り除いた手榴弾などを持ち帰ることも困難だった。

戦利品としてベトナムから持ち帰られた武器は、ソビエト製7.62mm口径シモノフSKSカービン（中国軍の56式）などの半自動小銃や7.62mm口径モシン・ナガンM1944カービン（中国軍の53式）をはじめとするボルト・アクション小銃および7.62mm口径トカレフTT-33（中国軍の51式）半自動拳銃などが多かった。

54 最も小型の実用拳銃「デリンジャー」とは何か？

デリンジャー（Derringer）と呼ばれる拳銃は最も小型の実用ピストルである。単発・短銃身の護身用で、コートのポケットやハンドバッグに忍ばせて携帯する。陸軍士官らのあいだでもバックアップ用拳銃として人気があった。

単発式で9メートル以上では命中が期待できないため、しばしば2丁1組で販売された。デリンジャーの名称はオリジナルを製作したヘンリー・デリンジャー・ジュニア（1786〜1868年）に由来するが、個人名は「r」が1つのDeringerである。

デリンジャーは1852年からフィラデルフィアで高品質のポケット・ピストルの製造を開始。初期モデルは「デリンジャー/フィラデルフィア」とだけ刻印された。モデル名や口径表示はないものの、.38口径、.41口径、.43口径、.44口径、.48口径モデルが作られた。これらはライフリングを施した銃身をそなえ、雷管と球形弾を使用する前装式拳銃であった。

数々の銃器メーカーが類似デザインの拳銃を生産し、これらはしばしば「r」が2つのDerringerと銘打って販売された。後年、こちらがデリンジャー・タイプのポケット・ピストルを指す代名詞となった。

デリンジャー/フィラデルフィア（リンカーン大統領暗殺の凶器として使われたもの）（FBI）

55 M134ミニガンを手持ちで射撃できるか？

現実には携帯式のミニガンを人が持って撃つのは難しい。1987年のSF映画『プレデター』では、のちにミネソタ州知事となるジェシー・ベンチュラがジェネラル・エレクトリック社製M134ミニガンを振り回した。3000発/分以上の発射速度で目標を引き裂くことから「無痛ガン」の異名をとる６本銃身電動ガトリング・ガンで、宇宙からやって来た「ハンター」に立ち向かう姿は見応えがあった。

しかし、これは物理的に不可能である。理由はいくつかあるが、まず問題となるのは重量。銃本体と構成部品の重さを以下に詳しく示す。

構成部品	重量
M134ミニガン	15.75kg
作動モーター	3.6kg
給弾・弾薬切り離し装置	4.57kg
コントロール・ユニット	1.87kg
作動ギア・ハウジング	0.52kg
ケーブル	1.12kg
装弾シュート	1kg
計	28.43kg

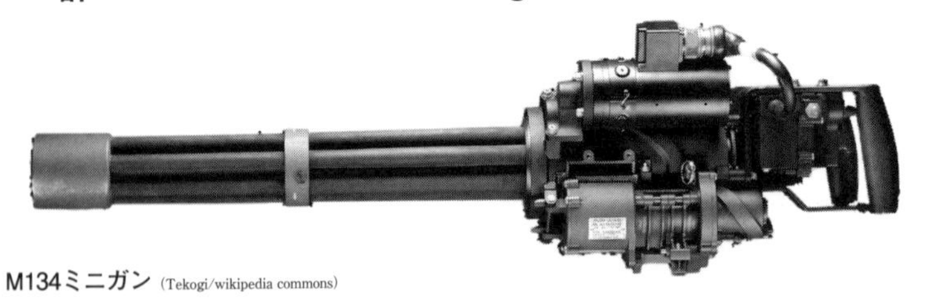

M134ミニガン (Tekogi/wikipedia commons)

さらに手持ちでミニガンを射撃するには次の問題点がある。

ヘリに搭載されたM134ミニガン (MKFI/wikipedia commons)

■手持ち射撃を可能にするには、弾丸やバッテリーを収納するバックパック・フレームなどが必要で4.5キロの重量増になる。さらに弾薬500発と容器で約18.1キロ。モーターを作動させる自動車用12ボルト・バッテリー2個で約18.1キロ。
■弾薬容器に収納できる7.62mm弾は500発のみ。3000発/分モードで撃った場合、映画ほど長く射撃することはとうていできない。
■3000発/分モードでの反跳力は67.5キロに達し、この切れ目ない反動をコントロールするのは難しい。
■6本の銃身が高速回転して生じる遠心力のため、ミニガンを手持ちでコントロールするのはほぼ不可能と言ってよい。

56 水中では、銃身が短いほど飛距離が長くなるというのは本当か？

水中で至近距離から拳銃を発射するシーンは映画に時々出てくる。これは可能か？　答えはイエス。しかし、一般に信じられているのとは反対に、まず銃身は完全に水で充たされていなければならない。気泡があると、銃身が裂けたり破裂したりして銃を破損する可能性が生じる。

水中発射実験の結果、9mm口径ピストルと.357マグナム・リボルバーの弾丸は4.8メートルから5.4メートル進み、0.9メートル以内では致命傷になることがわかっている。M1ライフルから発射された.30-06弾は0.6メートルほどしか直進せず、12番ゲージ・ショットガンの場合は銃身が裂けてしまい、散弾はほとんど飛ばなかった。

原則的に銃身が長いほど飛距離は短くなる。銃身内を充たした水が弾丸の速度と運動エネルギーを大幅に削減するからである。

短銃身の銃ほど効率がよくなるわけだが、これは弾丸が押しのけなければならない水塊がより少ないからだ。

なお、水中で発射された弾丸のほうが、水面に撃ち込まれた弾丸より飛距離が短くなる。後者は空中で発射されるぶん「有利なスタート」になることに加え、銃身内の水塊を押し出す必要がないからだ。

57 小火器の最大射程と最大有効射程の違いは何か？

■最大有効射程……平均的な兵士が既知あるいは推定距離にある静止「点目標」と効果的に交戦でき、命中弾を送り込める距離。通常の照準装置を使い、銃と弾薬の限界を考慮に入れ、着弾点を調整できる距離でもある。

■最大射程……最適な角度で発射した場合、弾丸が到達する最大射距離のこと。最大有効射程を数千メートルも超えるこの距離では、弾丸の弾道は不安定で命中精度はまったく期待できない。射場の安全領域を配慮したものであり、戦闘射撃上の用途はない。

■実用または有効戦闘射程……性能諸元表などには出てこないもので、銃が持つ特性以外のさまざまな要素、たとえば兵士の体調、疲労、技量、心理状態、そして戦場の視界や気象条件などに左右される。現実的には、実用戦闘射程は公表された「最大有効射程」の半分か4分の3、あるいはそれをはるかに下回る可能性がある。

58 西部劇に最も よく登場する ライフルは何か？

西部劇で最もよく登場するライフルは、レバー・アクションのウィンチェスターM1892カービンである。類似のM1894と並び「西部を征服した銃」とされている。ここで問題なのは、同銃が作られた1890年代初頭までには西部はおおむね征服し尽くされていたことだ。1860年代から1870年代、いや南北戦争以前に時代設定された映画にさえこれらの銃が登場するが、当時はまだマズルローダー（前装式）銃の全盛だった。

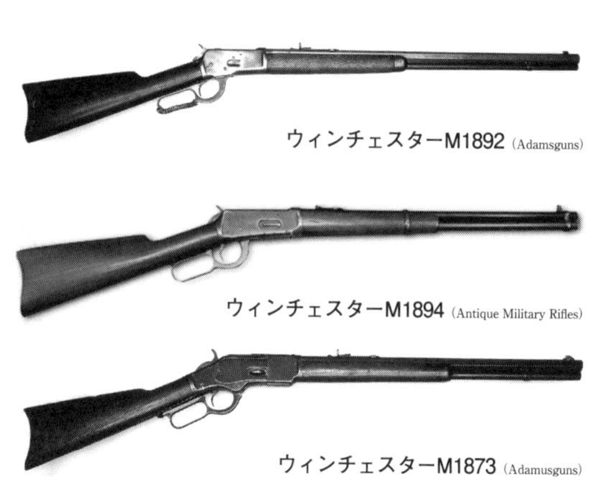

ウィンチェスターM1892 (Adamsguns)

ウィンチェスターM1894 (Antique Military Rifles)

ウィンチェスターM1873 (Adamusguns)

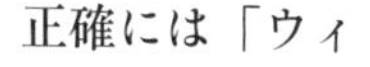

正確には「ウィ

ンチェスター社製の銃」が西部を征服したと言うべきで、特定モデルの貢献だと考えるのは間違っている。それでも1丁選ばなければならないとすれば、ウィンチェスターM1873、それも.40-40口径仕様が衆目の一致するところであろう。善玉も悪玉も、大型動物も小動物も含め、この弾薬によって最も多くの命が奪われたとされる。

さらに、西部を征服したのは二連装ショットガンだと言うこともできる。西部劇や小説ではあまり出番がないが、現実には非常に広範に使われていたからだ。

コルト.45口径M1873シングル・アクション・リボルバー「ピースメーカー」は「イコライザー」（人々を平等にする銃）、または「サム・バスター」（毎回親指で撃鉄を起こすので親指を痛めるの意）の異名でも知られ、しばしば「西部を征服したリボルバー」とも呼ばれる。もっともコルト社製のモデルはほかにも多数あるし、ライバルのスミス&ウェッソン社やレミントン社、そしてあまり知られていないマーウィン・ハルバート社も多くのモデルを世に出した。したがってピースメーカーは、ハリウッド映画が喧伝するほどには普及していなかったのが真相だろう。

どの銃が西部を征服したかは別にして、不屈の開拓者魂とともに大きな役割を果たしたのが鉄道、電信、鉄条網だった。

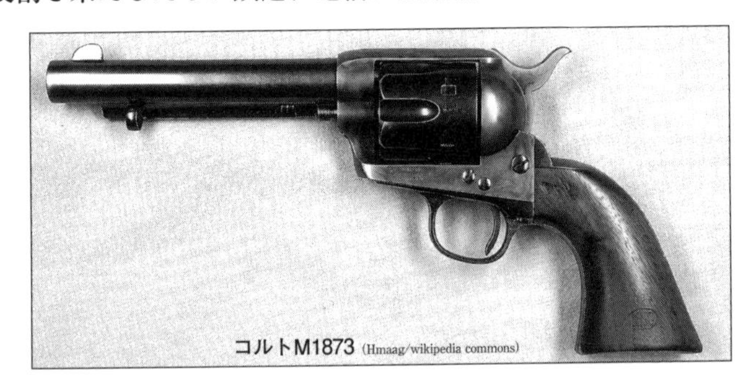
コルトM1873 (Hmaag/wikipedia commons)

59 ヘンリー・ウィンチェスターって何者？

ヘンリー・ウィンチェスターは実在の人物名ではない。「ヘンリー・ウィンチェスター」は.44口径フラット・ヘンリー・ライフルおよびカービンM1860とM1866のことを指す。レバー・アクション式として最初に成功した製品であり「オールド・ヘンリー」または真鍮製機関部の独特の色合い（正確には銅合金の一種「砲金」）から「イエローボーイ」のニックネームで呼ばれた。厳密に言えば、M1860は「ヘンリー・ウィンチェスター」ではなく単に「ヘンリー」である。ベンジャミン T.ヘンリー（1821～1880年）が設計し、コネチカット州ニューヘイブンのニューヘイブン・アームズ社で製造された。

オリバー F.ウィンチェスター（1810～1880年）は、同社の筆頭株主兼ヘンリー・ライフルの特許所有者で、後年ここでウィンチェスター・レバー・アクション銃が生まれた。ニューヘイブン・アームズ社は1866年、正式にウィンチェスター・リピーティング・アームズ社と呼ばれることとなった。

オリバー・ウィンチェスター自身は、銃や銃のメカニズムを設計したことは一度もない。彼は生粋の実業家であり、政治家だったのだ。

ヘンリー・ライフル（機関部の色合いから「イエローボーイ」のニックネームを持つ） (Hmaag/wikipedia commons)

60 戦争映画に登場する兵器は間違いだらけ？

第2次大戦を描いた映画に登場する兵器の多くは間違いだらけで、本章ではほんの数例を紹介するにとどめる。小火器に関して言えば、さまざまな銃が代用で済まされた。米兵が英軍のリー・エンフィールド小銃を携帯しているのはその典型である。旧日本軍の小火器はとくに入手が困難だったため、映画スタジオではドイツ製武器で代用。その結果、日本兵がしばしばMP.40サブマシンガンを持って登場することになり、それをそのまま信用する観客もいた。

以下、些細なことだが戦争映画を見る際に注意すると興味深い点をいくつか紹介する。

■着剣装置付きの.30口径M1カービンがしばしば登場するが、カービン用M4銃剣が制式化されたのは1944年後半。T4着剣装置は1945年2月中旬になって各部隊で取り付けたが、実戦には間に合わなかった。

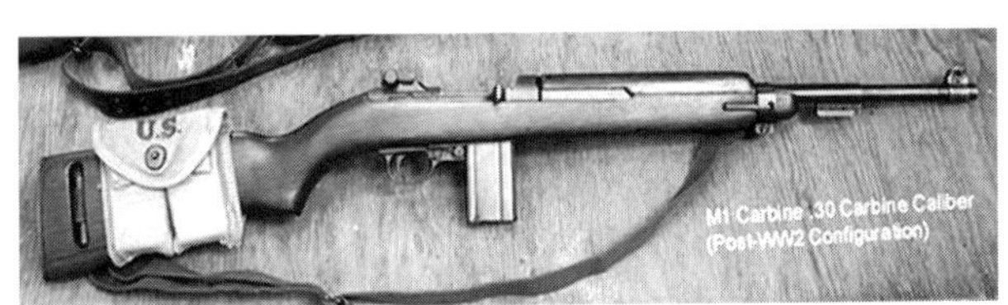

銃身の下に着剣装置がついた戦後タイプのM1カービン (Fab-pe)

■.30口径M2カービンも制式化は1944年後半。全・半自動切り替えスイッチ付きで、湾曲した30連発「バナナ・マガジン」も同時に制式となった。しかし生産体制の稼働までに時間がかかったため、これらは第2次大戦中に部隊配備されることはなかった。この時代設定の映画に出てくるバナナ・マガジンつきM2カービンは虚構である。

キャリング・ハンドルなしのBAR (U.S.Arm)

■.30口径M1918A2ブローニング・オートマチック・ライフル（BAR）に運搬用ハンドルがついているが、これも1944年後半になって追加された部品で、各部隊が手元のBARに取り付けたのは1945年以降である。したがって、キャリング・ハンドル付きのBARは第２次大戦中にはほとんどなかった。朝鮮戦争で使用されたBARですら、未装備のものが多かった。

■.45口径Ｍ３短機関銃、別名「グリース・ガン」が制式化されたのは1942年12月。しかし生産開始は1943年の中頃で、同年末ようやく部隊配備され、ノルマンディー上陸作戦が初の実戦使用だった。改良型M3A1の制式化は1944年12月で、戦争終結前に海外へ送られたものはほとんどない。結局のところ、実戦で使われたサブマシンガンの数より、ハリウッド版兵士が手にするサブマシンガンのほうがはるかに多い。

M3グリース・ガン (Curiosandrelics/wikipedia commons)

映画特有の嘘に注意する

映画の中の誤りが史実として定着してしまうこともある。ゲーリー・クーパー主演の映画『サージャント・ヨーク（邦題：ヨーク軍曹）』（1941年）はアルビン・ヨークの伝説的偉業を描いた秀作だが、M1903スプリングフィールド小銃とドイツ軍から捕獲したルガーP.08拳銃が登場する。現実のヨーク伍長はM1917エンフィールド小銃とコルトM1911拳銃で武装していた。ルガーで代用したのは、撮影に使われたM1911が空砲でうまく作動しなかったからである。

ヨークの所属した師団が訓練用にM1903小銃を使ったのは事実だが、ヨーロッパ派兵前に返却し、フランスでM1917小銃を新たに支給されている。ヨーク本人はM1903小銃を好んだといわれており、現地でどうにか入手することができたとする説もある。しかし文献などの調査とインタビューの結果、使われたのはM1917小銃だったことが証明されている。この件に関しては、いまも活発な論争が続いている。

映画で観たからといって、その兵器が特定の部隊で、ある時期、ある戦域で実際に使用されたと思い込むのは間違いなのである。

ルガーP.08拳銃 (P.Mateus/wikipedia commons)

コルトM1911拳銃（ジェラルド・フォード大統領記念図書館）

61 武器弾薬に関する「映画の嘘」とは？

映画やテレビでは、小火器の操作、運用、性能に関する誤りや誇張、そして過小・過大描写は付き物である。当時存在しない銃器が使われている時代考証の間違いは当たり前。もちろん、再装塡が要らない銃もたびたび登場する。以下、武器弾薬に関する最も一般的な「映画の嘘」を紹介する。似たような例はこのほかにも数多くある。

■ポンプアクション・ショットガンで武装した人物が別のキャラクターを追跡、銃を向け「言う通りにしろ！」と叫ぶ。すでに弾薬が装塡されていても、派手な音を立ててフォアエンド（先台）を引く。装塡の音響効果を狙ったものだが、薬室に入っていたはずのショットシェル（散弾銃弾薬）が排出されるシーンはなく、辻褄が合わない。同じ不合理は拳銃のスライドを引く場面でも時折り見られる。
■狙撃手が遠距離標的を撃つ前、スコープの上下左右調節ノブを回して微調整を行なう。実際なら、せっかく合っていた照準が台無しになるところだ。狙撃手が接眼レンズのピントを合わせることはあるかもしれないが、ほかの不必要な調整は役者のアドリブだ。
■車体に命中した弾丸が火花を散らして跳ね返るシーン。これは非常に浅い角度で当たった場合以外には起こらない。弾丸は車内のパネル類やフレームは貫通しないこともあるが、薄いボディ部分ならほとんど確実に突き抜ける。ヘリコプターや飛行機に当たった場合も跳弾にはならない。アルミ製の機体外板は、ねじ回しで突き刺しても穴が空くほど薄い。
■弾丸が金属製ドアや車のボディ、ビルのスチール壁に命中した場合、直径より大きな射入口は残さない。映画では視覚効果を狙って誇張されているのだろう。

車のボディに開いた弾痕（射入口）(Corbis)

■車のフロントガラスや横窓、後部ウィンドーを貫通した弾丸は消えてなくならない。どこかに射出口を空けるか車内の人や物に当たるはずだ。映画ではフロントガラスを貫いた弾丸が後部ウィンドーに当たる場面は出てこない。車内のどこかに「消えて」しまうのだ。

■弾丸は厚さ19mmから38mm程度のテーブルやそのほかの木製家具、ドア、石こうボードや漆喰の塀では止めることができない。

■冷蔵庫や自動車のドアでは弾丸は止まらない。パトカーのドアでも同様だ。映画と違って、現実には防弾装甲ドア付きの警察車両などほとんどない。

■弾丸が命中しても、木や布、紙の対象物に焦げ跡は残らない。火薬の燃焼や銃口を通り抜けるときの摩擦で熱を帯びることはあっても、弾丸はそこまで熱くはならない。仮になっても、弾丸の速度が速すぎて焦げる時間がない。また人が受けた銃創や木に空いた弾痕から煙がたちのぼることもない。

■小銃や散弾銃、拳銃を撃つと反動がある。大砲（前装式も後装式も）や戦車砲、対戦車砲、高射砲も同様である。しかし飛翔体を撃ち出さない空包では反動は生じない。

■映画ではスコープに命中した敵のライフル弾がそのまま貫通するが、現実にはまずあり得ない。スコープ内には通常６枚の厚いレンズが取り付けられているからである。これは実験で証明されている。

■レーザーサイトの赤い点が標的にされた者の上を踊り回る。これはあり得る話だが、レーザービームそのものは肉眼では見ることができない。仮に見えたら相手に気づかれることになり、レーザーサイトを使う者などいないだろう。霧や煙が空気中に漂っていれば例外で、レーザービームは点滅するライトのように見える。しかしこの場合でも、どうにか目視できるのは斜めの角度からで、ターゲットの視点からはまず見えない。

■リボルバー（回転式拳銃）にサプレッサーを付けても効果がない。自動拳銃やライフルに装着されていても、消音効果を期待するには小さすぎるものがほとんどだ。直径2センチ半、長さ8センチに満たないサプレッサーが9mm口径ピストルに取り付けられているのをよく見るが、これでは何の役にも立たない。

■距離がある場合、爆発と同時に爆発音が聞こえることはない。銃器の発砲も同様で、比較的近距離でも銃声は少し遅れて聞こえる。ところがたいていの映画では、銃声と弾丸の命中が同時に描かれている。あたかも弾丸が命中してから発砲音が生じるかのようだ。

■ボルト・アクション・ライフルとレバー・アクション・ライフルは、セミ・オートマチック・ライフルのようには速く撃てない。射手が手動で排莢と装弾を行ない、かつ再照準しなければならないからだ。映画で頻繁に耳にする「バン、バン、バン」という連射はこれらの銃器では不可能。だから速射シーンになると、射手はいつも都合よくスクリーンに映らず、銃を神業的な速さで操作する様子も描かれない。

■銃とは時には再装塡しなければならないものだが、映画でそのシーンを目にすることはめったにない。

■本物の兵士は弾薬が詰まったマガジンや挿弾子が入った弾薬ポーチを携帯する。映画ではこのディテールが手抜きされ、弾薬ポーチはたいてい空っぽだ。

■映画の場合、銃口から出る閃光、すなわちマズル・フラッシュは見た目を派手にするため誇張されている。たいてい特殊仕様の空包が使われるが、時にはなんと閃光を増大させるための「消炎器」が使用されることもある。

■手榴弾や迫撃砲弾、榴弾、そして爆弾の爆発シーンでは、ガソリンを使った大仰(おおぎょう)な火の玉が作為される。しかし実際の爆発で飛び散るのは土砂や粉塵がほとんどで、灰色または白色の煙がともなう。日中は炸裂による閃光が見えることはきわめて稀だ。

■本物の曳光弾は白煙を曳いて飛んでいくロケット花火のようには見えない。ヒューッと音を立ててかすめていくのも創作だ。ほかの弾丸と同じく、曳光弾も鋭い衝撃波を発して飛んでいく。しかしこちらは映画の中でほとんど描かれない。

■空包を撃った場合はすぐわかる。火薬の量が多くても、空包には反動がないからだ。したがって、役者は実弾を撃っていると自らを「信じ込ませ」なければならない。なお空包を用いて半自動・全自動火器を作動させるには空包用アダプターが不可欠である。（訳注：通常撮影用は空包用アダプターの装着が見えてはいけないので銃身内にチョークが埋め込まれていて外形からは判断がつかない）

写真は軍用の空包用アダプターが装着されたM16小銃 (U.S.Arm)

■映画では火の中に投げ込まれた弾薬が爆発し、飛び出した弾丸が逃げ惑う悪玉に命中する。これは嘘。燃やされた薬莢は裂けたり割れたりするが、飛び散る破片に大きな殺傷力はない。弾丸はそのまま薬莢に残るか抜け落ちるだけで、飛んではいかない。

■脚本家が銃器の製造会社やモデル名をでっち上げることは珍しくない。響きが格好いいとか威嚇的だというのが理由である。

■爆発で生じる火球を振り切ることはできない。膨張する火の玉と、逃げる主人公がスローモーションで描写されていてもそれに変わりない。また、背後で爆発が起きたにもかかわらず、キッと前を見つめたまま歩き去る人間もフィクションだ。爆発にも動じない非情なキャラクターを印象づける演出だが、人は反射的に振り向いてしまうものだ。また、ガラス窓を突き破れば人の体はズタズタに切り裂かれる。この場面はスローモーションでも同じことだ。

映画やテレビドラマに過大な期待をしない

ハリウッド映画やテレビの戦争もの、そのほかの番組を見る場合に便利なアドバイスを以下に記す。

■ある場面の描写や演出が腑に落ちなかったら、その直感はおそらく当たっている。

■宣伝では正確な時代考証や細部への注意が謳われていても、実際はそうではない。いくらかリサーチが行なわれていたにせよ、ごく特殊な分野に限られる場合がほとんどだ。

■ハリウッド映画に過大な期待をしなければ失望も小さくてすむ。

■劇中の出来事と本物の歴史を取り違えてはいけない。映画の冒頭あるいは終わりに「史実に基づく」とか「現実の事件にヒントを得た」あるいは「歴史にもしが許されるならば、実際に起こり得たストーリー」とあってもだ。

62 ソ連製RPG-2がドイツ軍対戦車擲弾「パンツァーファウスト」の発展型というのは本当か？

ソビエトで設計されたRPG-2はきわめて効果的な軽量・肩撃ち式の対戦車擲弾発射筒で、世界中の正規軍や反政府グループおよびテロリストに使用されてきた。RPG-2は携帯性、信頼性、隠匿性に優れ、維持管理も楽なうえ、使用方法が簡単で初心者でも扱える。重装甲の戦闘車両に対しても有効である。

1954年に登場したRPG-2は、ドイツ軍の対戦車擲弾「パンツァーファウスト」が原型だとされることが多い。この説は非常に限られた意味では正しい。しかし、ソビエトがRPG開発に至った経緯はほとんどが誤りである。たとえば以下のような説がある。

■ソビエト軍は捕獲したパンツァーファウストをRPG-1と命名した。

■ソビエト軍は占領したドイツの工場でパンツァーファウストの製造を続け、これをRPG-1とした。

■ソビエト軍はパンツァーファウストの設計図を入手するか、あるいはリバース・エンジニアリングを通じて模倣し、自国の工場でRPG-1として製造した。

■ソビエト軍はドイツの製造機器を自国に持ち帰り、ソビエト版パンツァーファウストをRPG-1として生産した。

これらの説はすべて事実とは異なる。確かにソ連陸軍（赤軍）はパンツァーファウストを捕獲した。また、１人で持ち運べる対戦車兵器を持たなかったソ連兵が、これを「ファウストニッキ」の俗称で呼び使用した事実もある。しかし、リバース・エンジニアリングに関する主張や、捕獲品をRPG-1と命名したとする俗説、またソビエト版パンツァーファウスト製造説も誤りである。

1944年、ソビエトは改良型対戦車兵器の開発に着手した。これはパンツァーファウストに影響を受けてはいたものの模倣ではなかった。戦後RPG-2、ことに擲弾部分を生産するにあたり、ドイツから押収した生産機械の一部が使われたり、コピーされたりした可能性はある。だがRPG-1の生産には使用されていない。なぜならRPG-1は少数のプロトタイプが開発された段階で問題点が浮上し、RPG-2が取って代わったからである。

RPG-2がパンツァーファウストの完璧なコピーだとする主張であるが、外見上の類似にもかかわらず、両者の設計は大きく異なっている。まず、パンツァーファウストは簡易な照準器しか持たない1発限りの使い捨て兵器である。撃発装置は雷管と火薬を用いた単純なもので、ピストル・グリップは付いていない。これに対しRPG-2は（RPG-1も同様）再装弾が可能で、照準器も狙いやすく改善されている。またライフルのようなトリガーとファイア

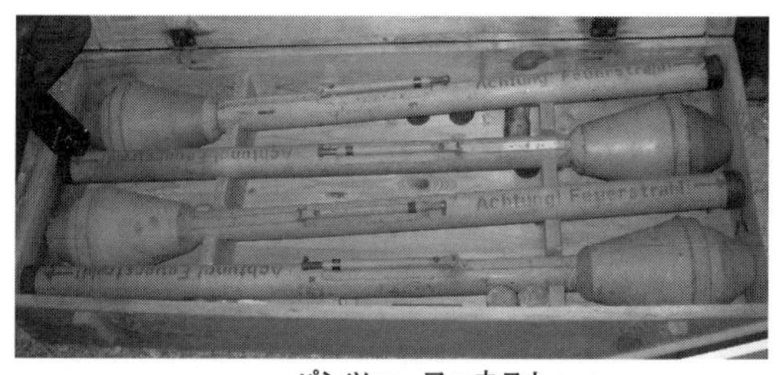

パンツァーファウスト (Balcer/wikipedia commons)

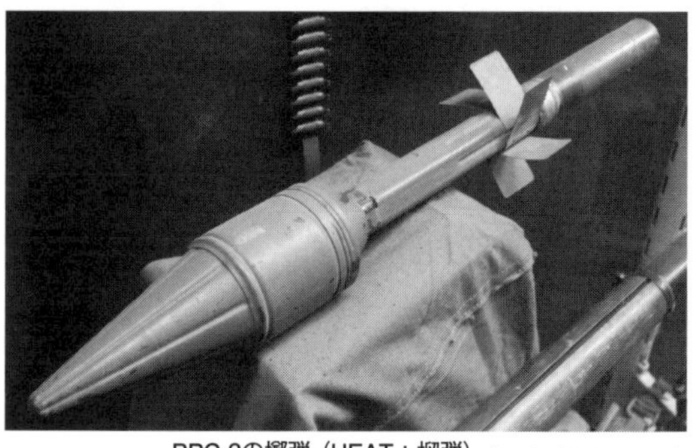
RPG-2の擲弾（HEAT：榴弾） (VargaA/wikipedia commons)

リング・ピンを用いた撃発システム、そしてピストル・グリップを備えている。パンツァーファウスト150の長く先端が尖った弾頭部分が、RPG-2の擲弾（対戦車榴弾）の基礎になっているのは確かだ。しかし、榴弾全体の形はかなり違う。

63 RPGは何の略語か？

普通「RPG」は「ロケット推進擲弾」と訳されるが、本来ロシア

サプレッサーの発明者

商業的に成功した最初のサプレッサー（サイレンサー：銃声抑制器）は、ハイラム P.マキシムが発明し特許を取っている。マシンガンで有名なハイラム S.マキシム卿の息子である。

1902年「サイレンサー：紳士のターゲット射撃」と銘打って発売された。サプレッサーの原理、仕組みを大型化し、車両および船舶のエンジン用に応用されたのがマフラーである。ちなみに米国ではサプレッサーは1926年に非合法化され、1934年に再び違法とされた。（訳者注：ATFの許可を得れば所持できる州もある）

近代的サプレッサー各種（映画に出てくるものより長いことに注目） (Cortland/wikipedia commons)

語では「携帯式対戦車擲弾発射機」を意味する。技術的観点からは「対戦車無反動発射機」というのが最も正確である。「対戦車ロケット擲弾」という意味で使われる場合は、単発の使い捨てモデルを指す。「対戦車擲弾」とはRPGの各モデルが発射する成型炸薬弾（訳注：爆薬の中心に逆V字状に円錐の穴をあけて成型すると、爆発した際にそのエネルギーの頂点はV字の深さに等しい対面に収束する。このため物に当たった時に円錐の深さ分の穴をあけることができる。これをモンロー効果という）のこと。RPG-2は基本的に「無反動砲」であり「ロケット弾発射機」ではない。装薬で弾体を撃ち出したのち、弾頭のロケット・モーターに点火、弾の飛翔を加速させるからだ

「RPG」にはもうひとつの意味がある。第２次大戦中、ソビエト軍が装備した対戦車手榴弾RPG-40,43,および６のことで、これらは戦後も使われ続けた。ここでは「手投げ対戦車擲弾」の略である。

第６海兵師団（1945年から1946年にかけて中国青島へ日本軍の武装解除に赴いた）が開発した秘密兵器がスクープされた。記者自身、何回も目撃したこの武器は「Ｍ２スリング・ショット」（パチンコ：ゴムひもの張力と反発で小石などを飛ばす道具）。手持ち式単発で、反動利用で作動し、どのような姿勢からも発射できる。射程および偏流に左右される度合いは不明。海兵隊兵舎に侵入を試みる中国人の子供らを阻止するのが主な使用目的である。この兵器開発は第６海兵師団司令部大隊に所属する大佐の功績だが、本人は匿名を希望している。

1997年、海兵隊は米四軍で使用される非致死性兵器の開発および取得の責任機関に任命されたが、この分野では、海兵隊に一日の長があるようだ。（米海兵隊広報誌『レザーネック・マガジン』1946年１月号に掲載された秘密兵器の特ダネ記事より）

64 リボルバーに取り付けたサプレッサーに効果はあるか？

映画にはサプレッサー（サイレンサー）付きリボルバーがしばしば登場する。これには減音効果がない。撃発時、シリンダーと銃身後尾のわずかな隙間（シリンダーギャップ）から銃声が漏れてしまうからである。リボルバーを暗闇で撃つと、この間隙から小さな閃光が出ているのがわかる。シリンダー・フラッシュと呼ばれるもので、注意して見ないとマズル・フラッシュ（銃口から出る閃光）に隠れて気がつかない。しかしこのギャップに手を近づけすぎると火傷や裂傷を負うおそれがある。

映画では通常のコルトやスミス&ウェッソンに偽物のサプレッサーをつけたものが使われ、あとから「ポン」という例の消音銃声が加えられる。

サプレッサーの仕組みは、撃発で発生した高圧ガスを弾丸がサプレッサー内に封じ込め、複数のバッフル（減音板）を迂回させて、発射音を低減させる。したがって空包を撃った場合も減音効果はない。

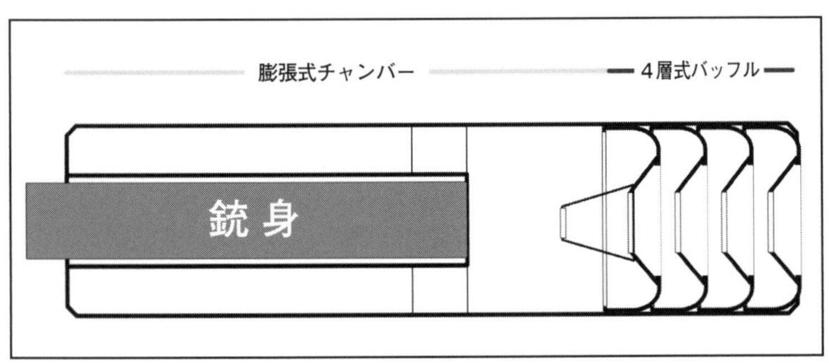

マズルタイプのサプレッサー（4層式バッフル）の内部構造図
(Georgewilliamherbert/wikipedia commons)

65 ベリー・ピストル（信号拳銃）の起源は？

ベリー・ピストルの起源はイギリスだと考えている人が多い。しかし、この信号拳銃と信号弾を開発したのは米海軍のエドワードW.ベリー大尉（1847〜1910年）で、1877年のことである。不格好で信頼性に欠けていたが、この信号拳銃はロケット花火のようなフレアー（火球）を打ち上げ、夜間、船舶どうしの信号伝達に使われた。

最初の後装式ベリー・ガンは10番口径の散弾（.775インチ）を基にした弾薬を使用し、さまざまな色に発光するフレアーを打ち上げた（赤、白、緑が普通で、黄色と青は稀）。自由落下するタイプや複数の信号弾を束ねたクラスター・フレアー、またパラシュートでゆっくり降下するものもあった。

フレアーはスター（星のように輝くものの意）とも呼ばれ、この呼び名は船員らに好まれた。昼間用として赤やオレンジ色の煙を出すフレアーもあり、軍ではそのほかの色の発煙弾も使用された。発煙弾には空に煙の帯を残すタイプと、落下の衝撃で発火し煙を出すものがある。

さまざまな口径の信号拳銃が各国で開発され、12番、10番（20mm）、1インチ、27mm（実口径26.5mm）、35mm、37mm（1.5インチ）、そして40mmなどがある。ベリー・ガンおよび類似の信号拳銃や信号弾発射筒は、遭難場所を示す目印、また命令を伝達するなどの目的のため軍民で使われている。これまでに数多くのモデルが作られてきたが、起源はどれも1877年のベリー・ピストルにさかのぼる。

第3章
弾薬の基礎知識

弾薬（ammunition）は、小火器にとってなくてはならないものである。しかし兵器研究において、最も誤解されることが多い分野のひとつだ。銃器そのものの知識が豊富でも、使用される弾薬のことがわからなければ、効果的かつ安全に銃を使用することはできない。本章では弾薬に関して、より専門的な知識を提供し、読者の理解の一助としたい。

66 弾薬が「ラウンド」や「ボール」と呼ばれる理由は？

「ラウンド」の語源は、マスケット銃の弾丸が文字通り球形（round）の鉛弾だった当時にさかのぼる。弾丸（bullet）は、フランス語の小球（bullette）やミサイル（boulet）に由来するが、後者は現代のロケット推進ミサイルのことではなく、投射体を意味する。

1859年、円錐形で細長い前装銃用の弾丸が登場した。これが「ミニエー弾」（minie ball）で、発明者のクロード・エティエンヌ・ミニエー仏陸軍大尉（1804～1879年）にちなんだ命名である。米軍では「長いボール弾」とも呼ばれた。弾薬はドイツ語（kugel）やスペイン語（bala）でも「ボール」という意味を持つ。

近代的な軍用「ボール」弾（ball＝普通弾）はフルメタルジャケット弾（被覆鋼弾）のことで、硬い弾芯が金属製ジャケットで覆われている。敵兵、軽装甲車両、軽防御の構築物、無防備の軍需品などに対して使用される。弾丸に必要な重量を与えられる鉛の弾芯が最も一般的だが、貫通力を増す目的で鉄製のものもある。しかし、この場合でも通常は重量とバランスを考え、鉛製の素材と合わせて作られる。特殊用途の弾丸には、徹甲弾、焼夷弾、曳光弾、そしてこれらを組み合わせたものがある。

弾丸（bullet）と薬莢（case）、発射火薬（propellant）、それに雷管（primer）を組み合わせて１つにしたものが「弾薬」（cartridge）である。「弾丸」は「発射体」（projectile）または「スラッグ」（slug）としても知られ、後者は大型動物狩猟に用いるショ

ミニエー弾（訳者注：弾丸の直径が口径より小さいため銃口から押し込めるのが容易だった。底部に見えるくぼみの部分が撃発と同時に拡がってライフリングに食い込み、弾道を安定させた）

（Mike Cumpston/wikipedia commons）

現代のライフルド・スラッグ弾（訳者注：側面のフィンは銃身内部に触れるスラッグの面積を減らし弾速を上げるためのもの。弾丸に回転を与えるフィンの役割はない）

（Lord Mountbatten/wikipedia commons）

ットガン用の単体弾丸（バックショットと呼ばれる直径.24インチから.33インチの大粒散弾より大きい弾丸）を指す。丸弾という球形スラッグが主流だったが、1898年に弾丸型のライフルド・スラッグ弾が登場し、1931年には直進性を改善したフォスター・スラッグ弾が続いた。このため球形スラッグは1941年頃を境に使われなくなった。

67 最悪な「弾薬」と「弾丸」の言い違い

薬莢の正しい呼称はカートリッジ・ケース（cartridge case）である。しかし「シェル」（砲弾）、「シェル・ケーシング」（砲弾ケース）、「ハル」（外殻）、または「ブラス」（真鍮）などと誤称されて今日に至っている。ちなみにシェル（shell）とは砲弾のように爆薬を詰めた発射体のこと。散弾銃の弾薬を「ショットガン・シェル」または「ショット・シェル」と呼ぶが、これは一般的に受け入れられている。

前述したように、弾頭、薬莢、発射火薬、雷管をセットにしたものが弾薬である。したがって「弾薬」（cartridge）を「弾頭」（bullet）と呼ぶのは言い違えの中でも最悪だ。「ブレットあと何発ある？」これでは「小銃」（rifle）を「銃砲」（gun）と呼ぶのと同じでとても見過ごすことはできない。

余談だが、米陸軍の新兵は射撃場を出る際「軍曹、アモ（弾薬）なし、ブラス（薬莢）なし」とドリル・サージャント（訓練下士官）に報告する。実弾や空薬莢を記念品として持ち出さないための確認である。

回転する弾丸は真っ直ぐ飛んでいく

銃身内にライフリング（らせん状の溝＝施条／腔綫）を施したマスケット銃の方が、それがない滑腔銃身のものよりよく当たる。1522年、中世バイエルンの哲学者ハーマン・モーリッツは、科学ではなく、悪魔を例にしてこれを説明した。

「火薬は誰の目にも悪魔的なものである。空中を飛んでいく弾丸はまたがった小悪魔らに操られてフラフラする。しかし、ライフル・マスケット銃の弾丸は回転するので悪魔といえども座っていられない。よって真っ直ぐ飛んでいくのは自明の理である」

68 薬莢の底にある数字とアルファベットの意味は？

米軍が使用する小火器の薬莢基部には、２桁の数字と２～６文字のアルファベットが刻印され、これを「ヘッドスタンプ」と呼ぶ。これで生産ロットがわかり、弾薬の製造場所を特定できると思っている人が多いが誤りである。生産ロット番号はカートンと弾薬箱のみに表示されているからだ。

米軍のヘッドスタンプが示す情報は２つで、６時方向にある２桁数字は製造年を、12時方向の２～６の文字コードは米陸軍弾薬工場か民間の契約製造会社を表す。したがって、１発１発の弾薬からは生産場所や生産ロット番号を特定することはできない。

次に、米軍ヘッドスタンプの製造社コードを示す。

DM	デス・モニス陸軍弾薬工場
FA	フランクフォード陸軍弾薬工場
FC	フェデラル・カートリッジ・カンパニー
KS	アレゲーニー陸軍弾薬工場（ケリー・スプリングフィールド）
LC	レイク・シティ弾薬工場
M	ミルウォーキー弾薬工場
RA	レミントン・アームズ社
REM-UMC	レミントン-ユニオン・メタリック・カートリッジ・カンパニー
SD	スパークレット・デバイシズ社
SL	セントルイス陸軍弾薬工場
SMCO	スタント・マニュファクチャリング・カンパニー
TW	ツイン・シティーズ陸軍弾薬工場
UorUT	ユタ弾薬工場
WCC	ウェスタン・カートリッジ・カンパニー
WRA	ウィンチェスター・リピーティング・アームズ・カンパニー
WF	ウォーター・フェリス・カンパニー

（原注：現在、WCCとWRAの両社はオリン・マシソン・ケミカル社傘下である。閉鎖されるか生産を中止している工場もあるが、製造された弾薬はまだ在庫がある。過去にはこれ以外に数十ものヘッドスタンプが使われていた）

多くの7.62mmNATO弾と5.56mm新NATO弾には、十字を丸で囲んだNATO合格印が12時方向に打たれている。この場合、製造社コードは８時方向、製造年は４時方向に刻印されている。

これ以外のマークが刻印された弾薬もある。「Match」または「NM」（ナショナル・マッチ）は競技射撃用や狙撃手用に特注された精密弾薬。ニッケルまたは銀色のスズメッキされた薬莢に「HP」とあるのは圧力試験用で、通常の軍用銃に用いてはならない。

初期のヘッドスタンプには異なるマークが使われていた。第1次大戦以前は製造年とともに月も刻印されており、たとえば「412」は1912年4月を示す。.45-70弾には「C」か「R」の表示があったが、これはカービン用とライフル用のことである。

薬莢の基部に刻印されたヘッドスタンプの一例。FC223REMはフェデラル・カートリッジ・カンパニーで製造された.223レミントン弾（5.56mmNATO市販版）を表わす（wikipedia commons）

69 旧式の弾薬に使われた2組の数字の意味は？

20世紀以前、米国製弾薬、とくにライフル弾の多くには2つ、製品によっては3つの数字をハイフンでつなげた表示が使われていた。たとえば、.25-20、.30-30、.38-40、.45-70、.50-115などで、これに製造会社名などが続いた。

最初の数字は弾丸のおおよその口径をインチで、2番目は黒色火薬の重さをグレイン（米･英などインチ法を採用している国で用いられている重量単位。1グレイン＝7000分の1ポンドで、0.0648グラム）で示したものである。19世紀末に無煙火薬が登場し、新たに開発された弾薬に使われ始めた。これらの新弾薬の中には黒色火薬用の表示を使い続けたものもある。.45-70-500や.45-70-405などの3番目の数字は弾丸重量をグレインで示している。

これより以前は前装式弾薬の時代で、紙製またはリネン製薬莢と弾丸（先端が尖った弾頭でも「ボール」と呼称された）の識別のため、弾薬カートンや包装に銃器の製造会社名と口径が表示された。一例を挙げると「52-100口径シャープス・カービン用」で、小数点が省かれている場合が多いが、0.52インチのことである。

70 市販の弾薬は軍用銃に使えるか？

必要なら、市販の民間用弾薬を軍用銃に使うことができる。しかしすべての自動火器が、必ずしも円滑に作動するとは限らない。これは装薬の質や量の違いに加えて、弾頭の径始（けいし）の差異が原因だ。ことに市販の弾薬が軍用より短い弾頭を使っている場合、装填がスムーズにいかない可能性がある。

薬室への装填不良や発射圧の上限は、弾薬の種類と使われる銃器によって異なる。また「5.56mm普通弾M885」のように、米軍制式弾薬の呼称は米市販弾薬およびヨーロッパでの名称と同一ではない。以下、米軍呼称と民間、ヨーロッパ呼称の違いを簡略に示す。

米軍呼称	米民間呼称	欧州呼称
5.56mm※	.223レミントン、5.56mmNATO	5.56mm×45mm※※※
7.62mm※	.308ウィンチェスター、7.62mmNATO	7.62mm×51mm※※※
.30口径※※	.30-06スプリングフィールド	7.62mm×63mm（英国では0.30インチ）
.30口径カービン	.30口径カービン	7.62mm×33mm
9mm	9mmパラベラム、9mmルガー	9×19mm
.45口径	.45ACP、.45オート	11.43×23mm（英国では0.45インチ・コルト）
.50口径	.50口径ブローニング機関銃	12.7×99mm（英国では0.5インチ・ブローニング）

※軍用5.56mm弾と.223レミントン弾、そして軍用7.62mm弾と.308ウィンチェスター弾には、わずかながら薬莢の寸法に違いがある。しかし射撃に際して安全上の問題はない。市販弾薬の弾丸形状によっては、軍用弾薬より装塡不良が多く発生する可能性がある。
※※「.30口径」はライフルと機関銃用で、M1カービン用ではない。最近市販されている狩猟用.30-06弾は火薬の充塡量が多く、M1ガーランドや初期型の.30-06ボルト・アクションライフルでは用いない方がよい。弾薬製造会社の中には、これらの銃で撃っても安全な減装弾を「.30-06ガーランド用」と銘打って販売しているところもある。
※※※フランスはNATO制式弾薬を5.56mmおよび7.62mmOTAN（北大西洋条約機構のフランス語読み）と呼称している。

71 メートル法と英国式弾薬表示の違いは？

ヨーロッパ製の弾薬は口径と薬莢の長さをミリで表示し、時としてリム（薬莢基部の張り出し）形状を示す文字が付く。たとえば

「9mm弾」といえば「9mmパラベラム弾」

9mmパラベラム弾はサブマシンガン用として最も一般的である。拳銃／短機関銃用の9mm口径弾薬はほかにも10種類ほどあるが、単に「9mm弾」といった場合は通常9mmパラベラム弾を指す。9×19mm（.355インチ）弾薬はドイツ人ヒューゴ・ボーチャード（1844〜1924年）が開発した7.65mmボーチャード弾を元にオーストリア人ジョージ・ルガー（1849〜1923年）が共同開発に加わり7.65mmパラベラム弾へと改良され、さらにジョージ・ルガーによって9mmパラベラム弾へと発展し、ルガー・ピストル用に製造された。

7.62mmNATO弾なら7.62×51mmで、ソビエトの小銃および機関銃用7.62mm弾なら7.62×54mmR（リム付き）である。リムなし弾薬は薬莢基部とリムの直径が同じで、基部の周囲が薬莢を引き抜くためのエキストラクタ・グルーブと呼ばれる溝になっている。リムレス弾薬の場合は当然ながらリム形状記号はつかない。リム形状記号は以下のとおり。

R	リムド：薬莢基部に帽子のつばのようなリムがある。エキストラクター・グルーブはない。
ＳＲ	セミ・リムド：リムが薬莢本体よりわずかに張り出している。エキストラクター・グルーブ付き。
ＲＢまたはＲＲ	リベイティッド・リム：リムが薬莢基部の直径より小さい。エキストラクター・グルーブ付き。
B	ベルティッド：リムレス薬莢のエキストラクター・グルーブ上部に補強用ベルトが巻かれている。

９mmパラベラムや7.65mmモーゼルのように、口径のミリ表示と名称で識別するのも一般的だ。正式ではないが弾薬を国名で示す場合もある。6.5mm・ジャパニーズ（6.5×50mmSR）、6.5mmイタリアン（6.5×52mm）、6.5mmダッチまたはルーメニアン（6.5×53mmR）、6.5mmフレンチ（6.5×53.5mm）、6.5mmグリーク（6.5×54mm）、6.5mmスウィーディッシュまたはノーウィージャン（6.5×55mm）、そして6.5mmポーチュギース（6.5×58mm）などである。軍用小銃メーカーの名称を使う例としては6.5mmアリサカ（6.5mmジャパニーズ）がある。

かつて英国と英国連邦諸国では100分の1インチで口径表示を行ない、３桁数字が使われていた。たとえば.303インチは.303ブリティッシュまたは.303エンフィールドとして知られた。「口径」という単語は表示に含まれず、「インチ」も省略され、単に「.303」となることが多かった。

エンフィールドNo.2Mk I リボルバー用の弾薬.380インチ・エンフィールドも、兵士らはたいてい「.38」と呼んだ。.38/200とも表記され、200は弾丸重量を示す。大口径弾薬の場合は「0」がしばしば加えられ、たとえば.50口径機関銃用弾薬は0.5インチと表示された。1965年、英国はメートル法を採用し、以来、軍用弾薬はすべてメートル法で表記されている。

72 .45口径M1911A1自動拳銃に使われる弾薬の「APC」とは何の略語か？

.45ACPとは「オートマチック・コルト・ピストル」の略。軍の制式名称ではなく、ジョン M.ブローニング（1855〜1926年）が設計した一群の弾薬につけられた商標である。1900年前後に開発されたコルト・ブローニングとFNブローニング社製ピストル用弾薬で世界的標準とされている。各種の軍用および民間用ピストルといくつかのサブマシンガンに使用されている。

米国の呼称	開発年	別　称
.45ACP	1905年	.45オート、0.45インチ・コルト（英国） 11.43×23mm※、11.25mm（独）、11.3mm
.38ACP	1897年	.38オート、.38ブローニング、 .38スーパー※※、9×23mmSR（実口径.356）

.380ACP	1908年	.380オート、9mm・ブローニング、9mmショート/クルツ（独）/コルト（伊）9×17mm
.32ACP	1899年	.32オート、7.65mmブローニング、7.65×17mmSR（実口径.308）
.25ACP	1906年	.25オート、6.35mmブローニング、6.35×15.5mmSR

※フランス、イタリア、メキシコなどの国々では軍用口径の弾薬を民間人が所持するのは違法である。.45口径クラスの銃器の需要が高まった結果、.45ACPショート（11.43×22mm）が開発された。
※※1929年に登場した.38スーパーは.38ACPの改良版で、より銃口初速が早い。

73 ベトコンと北ベトナム軍の弾薬に米陸軍特殊部隊が爆発する弾薬を混入させたのは本当か？

使用すると爆発するよう細工された弾薬を、米陸軍特殊部隊偵察チームがベトコンと北ベトナム軍の備蓄していた弾薬に混入させたという話はよく聞く。これは真実か？　もしそうなら、どのように実行されたのか？

時期によって作戦名は異なるが、「プロジェクト・エルデスト・サン」、「イタリアン・グリーン」、「ポール・ビーン」は実際に行なわれた。

ベトナム軍事援助司令部 - 研究観測グループ（MACV-SOG）は「通常」偵察任務で敵地深く潜入する際、少量の「仕掛け弾薬」を携行することがあった。これらの弾薬は敵地に偽の弾薬集積所を作ることで相手側の補給システムに紛れ込んだ。

仕掛け弾薬には威力の大きいペンスリット系爆薬が充填されていた。敵が爆発する弾薬を特定しようとして分解しても、この高性能爆薬は普通の発射火薬と見分けがつかない。また弾薬の外側にもそれとわかるマークはなく、爆発しない弾薬と区別できなかった。合計で7.62mm弾1万1565発、12.7mm弾556発、そして82mm迫撃砲弾1968発が「細工」された。

これは、6～9名の偵察チームでは敵の弾薬集積所を見つけても押収することはできず、発見場所にヘリで即応部隊を投入しようにも（着陸地点に近いことはまずない）、数トンもの弾薬を運び出すには時間と労力がかかりすぎる。運搬中に気づかれれば敵地で犠牲の大きい戦闘を強いられ、ヘリを失うことにもなりかねない。集積所を爆破しても、まき散らされた使用可能な弾薬を回収されてしまい、なにより偵察チームの存在を敵に教えることになる。さらに、ただでさえ負担の大きい偵察任務に加えて、大量の爆破機材を携行するのは現実的なオプションとはいえない。集積所に罠を仕掛けても効果は知れている。以上のような理由から、この秘密作戦が実行されたのだ。

「細工」された弾薬の混入作戦は1968年に開始された。ベトコンなどが使うルートに沿って弾薬を残し、あたかも味方が誤って落としたように見せかけたり、戦死した敵兵のマガジンに装填したりする方法がとられた。迫撃砲弾は長いあいだその場に放置されていたように事前に偽装された。B-52爆撃機による北爆「アーク・ライト作戦」によって破壊された地域に、後日ベトコンらが使えそうな物資の回収に来ることを見越し、迫撃砲の弾薬箱を残しておくことも計画された。

本作戦の主な目的は、武器弾薬を供給する中国に対する、ベトコンと北ベトナム軍の信頼を損なることにあった。弾薬爆発事件の件数は少なくても、噂はすぐ広まり心理的圧迫を与えた。敵は自軍の管理下に置かれていなかった弾薬の使用を躊躇するようになったのである。「秘密心理作戦」の一環として、武器弾薬の安全性に問題があるとする偽装書類も流布され、ベトコンおよび北ベトナム軍を欺くことに一役買った。この結果、封印された弾薬箱以外は拒否する部隊も現れた。

74 1人5役の空包とは何か？

5種類の銃で使えるよう作られた空包のことである。レミントン社とステージガン・レンタル会社が1930年代に開発。多くは映画、とくに西部劇で使われ、「映画用空包」とか「ハリウッド空包」と呼ばれた。

.38-40または.44-40弾仕様のウィンチェスターM1892カービン、同口径のリボルバー（西部開拓時代、これらの弾薬はレバー・アクション式カービンとリボルバーのどちらでも使えるため人気があった）および.45口径コルト・リボルバーで発射できる。多少リムを削れば.44スミス＆ウェッソン・スペシャル弾仕様の銃にも装填可能。当初は使用対象でなかった.44レミントン・マグナム・リボルバーと.410番散弾銃にも使うことができる。

これらの空包にはたいてい「REM-UMC 5-in-1」というヘッドスタンプが刻印されている（REMはレミントン社、UMCは子会社であるユニオン・メタリック・カートリッジ・カンパニー）。

ウィンチャスター・リピーティング・アームズ社製のものには「WRA5-in-1」とある。今日の映画用空包はプラスチック薬莢に黒色火薬を充塡してあり、硝煙を多く発生し、視覚効果を高めている。「フルロード」（火薬を目一杯詰めたもの）は銃声が大きいため、発砲の音響効果をあとで合成する場合は「ハーフロード」（減装弾）が用いられる。

75 機関銃手訓練用の有人標的機は実在したか？

有人標的機は第２次大戦中、「ピンボール作戦」で使用された。この作戦を開始するにあたり、まず命中すると粉砕する.30口径弾丸が作られた。これは圧縮された粉末状の鉛とプラスチックの一種であるフェノール樹脂の化合物からなり、デューク、プリンストン両大学が開発を担当した。

重量約７グラムの弾丸は濃い灰色でM22（別名T44E1）普通弾と呼ばれた。識別のため先端は緑で白い帯が描かれていた。爆撃機は通常.50口径の重機関銃で武装していたが、この口径だと粉砕する弾丸でも標的機に与える損傷が大きすぎ、また費用もかさむため.30口径で代用された。約73メートルから射撃してアルミ製の機体を貫通しないことが条件で、米陸軍航空軍旋回機銃学校で爆撃機の銃手を訓練するために使われた。M22粉砕弾は.50口径弾に比べて軽量で発射速度も遅く、また弾道が異なるため、旋回銃架に載せられたAN-M2重機関銃の照準を再調整する必要があったうえ、装塡時に弾丸が砕けて作動不良が頻発した。

標的機にはベル社のP-63キングコブラ戦闘機が選ばれ、大幅な改造が施された。これがRP-63「ピンボール」である。既存の機体を改修するかたちでRP-63A1が100機、RP-63Cが200機、そしてRP-63Gが32機製作された。P-63は陸軍航空軍が実戦投入していない唯一の量産機で、武器貸与法に基づきソ連に送るために生産されていたからである。

重量を減らすため武装と防弾板、そして機体前部のアルミ・パネルは取り除かれ、厚い防御用アルミ板金に代えられた。通常のキャノピーも厚手の防弾ガラス製に変更。背面の空気取り入れ口には保護板が取り付けられたうえ、機体全体を覆う外板の下に100個以上のマイクロフォンが設置された。弾丸が当たるとコックピット内の命中カウンターに表示、また、プロペラ軸部の37mm機関砲の代わりに装備された赤色ライトが点灯する仕組みだった。

粉砕弾とピンボール機を使った訓練は全米7カ所の旋回機銃学校で1945年4月に開始された。同機は標的機としてのほか、ターゲットの吹き流しを曳航する任務にも使われた。訓練プログラムが1948年に終了して以降、ピンボール機は再度改修されて無線誘導標的機となり、QF-63キングコブラと名称変更した。しかしこの目的で使われることなく最終的に廃棄処分となった。

ピンボール作戦で使われた有人標的機RP63 (Goshimini/wikipedia commons)

76 ショットガンのゲージ（口径）はどのように決まるのか？

ショットガン（散弾銃）のゲージとは、１ポンド（453.6グラム）の鉛から作られた同じ大きさのボール（鉛球弾）が持つ直径のこと。12番（12ゲージ）のショットガンなら、１ポンドの鉛が同一のボール12個に分けられた場合の直径である（鉛の密度を表す値によって異なることもある）。したがってゲージが大きくなるほどボールの直径は小さくなり、口径も小さくなる。

米国内で普及しているのは10番、12番、16番、そして20番ゲージである。あまり知られていないが、西部開拓時代には10番ゲージのショットガンが非常に広範に使われていた。ＯＫ牧場の決闘で名を馳せたドック・ホリデーも、銃身を切りつめたベルギー製ミーティア10ゲージ水平二連散弾銃を携帯していた。「路上榴弾砲」の異名を持つ銃である。

英国で開発されたこのゲージ・システムはドイツなどヨーロッパでも使われている。古いショットガンの弾薬の中には「ナンバー12」というヘッドスタンプが刻印されているものがある。もっとも英国人は「12ボア」と呼ぶのが普通だ。ゲージの代わりに口径（キャリバー）を使う国々も

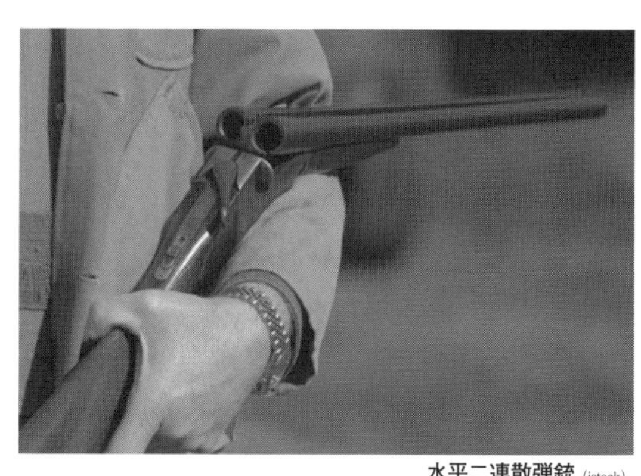

水平二連散弾銃（istock）

ある。ゲージを算出するための数式があるが、下記が換算早見表である。

ゲージ（番）	口径（インチ）	mm
4	0.935	23.79
8	0.835	21.21
10	0.775	19.69
12	0.729	18.53
14	0.693	17.60
16	0.662	16.83
20	0.615	16.53
24	0.580	14.73
28	0.550	13.97
32	0.526	13.36

77 「410」ショットガンは実在するか？

ショットガン（散弾銃）を分類するゲージ・システムにはいくつか例外がある。米英で人気の「410」ショットガンは.410（インチ）口径のことで、ゲージにすれば67.5番になる。「410番ゲージ」と称されることもしばしばあるが、これはまったくの誤りだ。米空軍でさえサバイバル用.410ショットガンの弾薬箱に「弾薬.410番ゲージ」と誤記している。36番ゲージと誤って呼ばれる場合もある。

ヨーロッパでは12mmとして知られるが、実口径は10.4mmである

（4-10を逆さまにした数字だがこれは偶然）。しかしながら、この2つの誤称は定着している。.410口径散弾の箱に「36番ゲージ」「12mm」と括弧に入れて列記されていることもある。「36番ゲージ」が使われたのは、現行ゲージ表記システムの最後にすんなり収まるからだという説があるが、おそらく本当だろう。

左から.45口径ACP、410散弾銃用弾薬、20番ゲージ弾、12番ゲージ弾 (Rookie Rover/wikipedia commons)

.410口径ショットガンは1870年代に英国で使われ始め、米国内で普及したのは第1次大戦前後。.410散弾は1876年にバラードが開発した.44エキストラ・ロング弾（.44XLまたはEL）から派生したものだとされている。ちなみに後者は.44-40ウィンチェスター弾に取って代わられた。

78 3メートル以内でないと効果がない小口径散弾とは？

米国では1920年代、ヨーロッパではそれ以前から9mm口径の小型リムファイアー（へり撃ち式）散弾銃が存在した。これらのショットガンは小型の有害動物駆除用で「ガーデン・ガン」として知られた。今日では9mm口径散弾の代わりに.22口径ロング・ライフル小型動物用散弾（バード・ショット）が使われている。

「ラット・ショット」あるいは「スネーク・ショット」とも呼ばれる小型散弾は、3メートル以内でないと効果がない。極めて至近距離から撃つ場合を除き、即効性のあるダメージは与えられない。数層の羽毛すら貫通しないからだ。銃口から1.82メートルの距離で直径15センチの範囲に集弾する。散弾サイズは直径1.01mmで公式名称は「塵」（dust）。やや大きめの12号散弾（直径1.03mm）を装填したものもある。

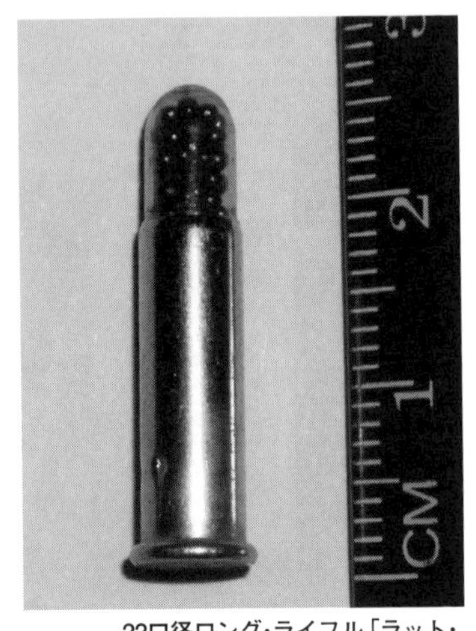

.22口径ロング・ライフル「ラット・ショット」（DanMP5/wikipedia commons）

79 ショットガン・シェル（散弾銃用弾薬）の色は何色？

ショットガン・シェルは厚手の紙かプラスチック製で、基部は真鍮でできている製品と、基部も含めプラスチックのものがある。後者は1960年代に登場した。発射後の薬莢はしばしば「殻」（hulls）と呼ばれる。シェルは着色されており、赤、緑、青が多い。

米国では赤いシェルを製造する弾薬会社がほとんどだが、レミントン社は緑を、ピータース社は青にしている。UMC（ユニオン・メタリック・カートリッジ・カンパニー）はかつて緑とこげ茶色を使っていた。外国製のシェルなどには、アメリカで一般的ではない黒、ライトブルー、茶色や淡褐色などの色があるが、まずアメリカで目にすることはない。

1960年以降、フェデラル・カートリッジ・カンパニーは20番ゲージのシェルを黄色として12番ゲージの赤と区別している。これはアメリカで非常によく使われている両方のシェルが混ざってもすぐに区別できるようにするためだ。

80 エレファント・ガンとは何か？

スポーツ射撃の世界では、最大口径ライフルは、しばしば「エレファント・ガン」（象撃ち銃）という大ざっぱなカテゴリーに分類される。19世紀末、10番、8番および4番ゲージの前装式二連ショットガンに黒色火薬とスラッグ弾を装填し、象やサイ、カバ、アフリカ水牛など大型動物の狩猟が行なわれた。象牙採取や装飾品作りが目的で、ハンターらに突進してくる動物を自衛で撃つこともあった。

1880年頃から20世紀初頭にかけ、.45口径とそれを上回る口径の弾薬を使用する中折れ式一連および二連ライフルと、ボルト・アクション式ライフルが登場した。比較的小さい.375口径程度の弾薬もあった。

最大かつ最新の大口径弾薬が.700ニトロ・エクスプレス（17.8mm）で、弾頭は65グラムのフルメタルジャケット弾。通常、英国のガンメーカー、ホランド&ホランド社製水平二連ライフルに使用される。

1988年に作られた.700ニトロ・エクスプレスは、.600ニトロ・エクスプレス（1903年）を大型化したもの。世界最強の市販ライフルと銘打たれることが多いが、実際には.585ウヤテ（スワヒリ語でアフリカ水牛の意）に軍配が上がる。.585ウヤテは14.9mm口径で49グラムの弾丸を銃口初速752メートル／秒で発射する。銃口を飛び出した直後の弾丸が持つ運動エネルギーであるマズル・エネルギー（初活力）は１万130フィート／ポンドに達する。一方、.700ニトロ・エクスプレスの初活力は8900フィート/ポンドである。

第１次大戦の西部戦線では、英独両軍が鋼板盾に隠れた互いの狙撃兵を無力化するため、少数のエレファント・ライフルを使用した。英軍士官の中には、個人所有のエレファント・ライフルと弾薬をフランスに送らせて使う者もいた。

エレファント・ライフルは正確な長距離射撃が可能で、貫通性に優れたフルメタルジャケット弾を使用したのでかなり効果をあげた。「エレファント・ライフル」の呼び名は第２次大戦中の対戦車ライフルにも使われた。

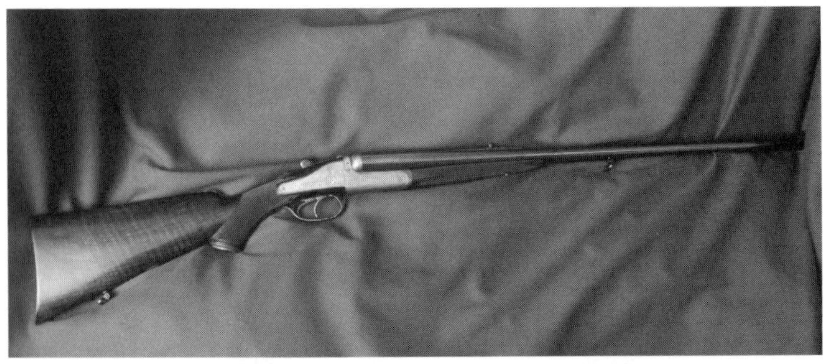

ホランド&ホランド社製マグナム水平二連ライフル.375H&H口径 (Miso Benowikipedia commons)

81 最も大口径の拳銃は何か？

1971年の映画『ダーティ・ハリー』でクリント・イーストウッドが演じたハリー・キャラハン刑事の名セリフは「こいつは44マグナム。世界でいちばん強力な拳銃だ。お前の頭なんか１発で吹き飛ばせる。考えてみることだ。自分に運が向いているかどうか。さあ、どうする」。この文句、今日ではすでに通用しない。実は当時でもいささか間違いがあったのだ。以下のリストを見てもらいたい。

■1960年代初頭、ミシガン州フルトンのR.G.ウィルソンはコルト社製のシングルアクション・リボルバー「ピースメーカー」の複製、ウィルソン・ピースメーカーを作った。オリジナルが.45口径だったのに対し、こちらはトラップドア式ライフル用.45-70スプリングフィールド弾を発射した。全体として３分の１ほど大きく、銃本体のみで重量３キロ近くあった。

■1955年にモデル29として導入されたスミス&ウェッソン社製.44マグナム・リボルバーは、世界一強力な大型拳銃として長年君臨した。しかしその後、ほかにも大口径拳銃が登場した。ルガー社のブラックホークやコルト社のアナコンダに加え、.44マグナム口径の

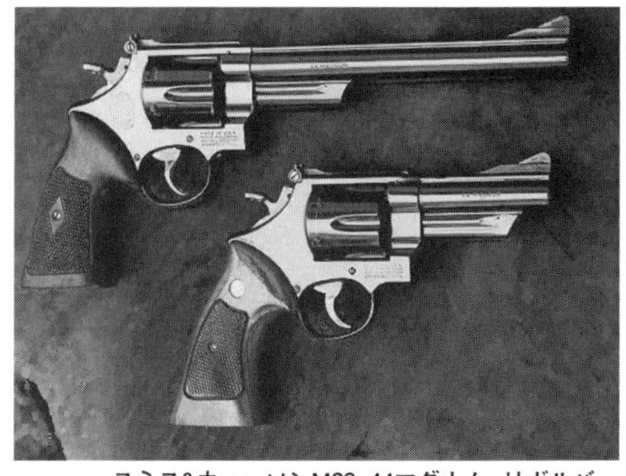

スミス&ウェッソンM29 .44マグナム・リボルバー
(Mike Cumpston/wikipedia commons)

カービン銃も生産された。

■ガス圧作動の半自動拳銃デザート・イーグルはアメリカのガンメーカーであるマグナム・リサーチが開発し、イスラエル・ミリタリー・インダストリーズが商業目的で製造した。口径には数種類あり、.44オート・マグ弾は.44マグナム弾よりやや威力が大きい。

■.45ウィンチェスター・マグナム（実口径.451）は1979年にウィルディ・セミオート・ピストル用として世に出たが、そのほかの銃にはあまり使われていない。この弾薬はコルト・オートマチック・ピストル用.45口径弾の全長をかなり長くしたものだ。

■ブラジルのトーラス社が製造し、マグナム・リサーチ社がアメリカに供給しているトーラス・ジャッジは比較的短銃身の５連発リボルバーで、.45口径弾と.410口径散弾を発射できる。細長い散弾を装塡するため、シリンダーは銃身と同じくらいの長さがある。2011年、同社は28番ゲージ散弾を発射するレイジング・ジャッジの生産を開始した。

■目新しさだけを狙った製品だが、世界一大型の拳銃は1903年にツェリスカ社がエレファント・ライフル用に開発した.600ニトロ・エクスプレス弾（15.2mm）を発射するパイファー・ツェリスカ・リボルバーに違いない。このオーストリア製５連発リボルバーは重量6キロ。全長550mm。.458ウィンチェスター・マグナム口径のものも生産されている。

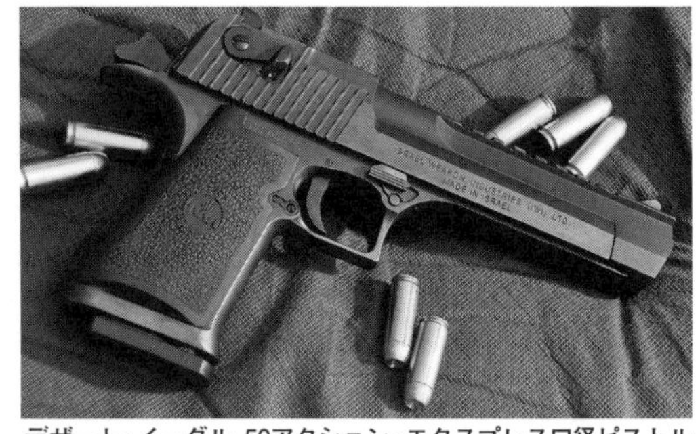

デザート・イーグル .50アクション・エクスプレス口径ピストル
（Bobbfwed/wikipedia commons）

ハンターが最後の手段として使った「ハウダ・ピストル」

前装式の銃に雷管と球形弾を使用していた時代には、多くの大口径ピストルが存在した。これらの口径は.50から.85口径（12.7mmから21mm）にも達した。もっとも大きな破壊力を持つ拳銃の中に「ハウダ」と呼ばれるものがあった。

ハウダとはインドで象の背中に取り付けるカゴのことだが、手負いの虎が一矢を報いようとハウダに駆け登って来ることがあった。パニック状態のハンターが最後の手段として使ったのがハウダ・ピストルである。長さ250～300mmのライフリング付き銃身を持つ水平二連銃で、1800年代初頭から主に英国とベルギーで製造された。両手での保持が不可欠なことからピストル・グリップと短い先台を備えていた。スラッグ弾を発射し、.57、.66、.70口径のものが多く見られた。初期型のハウダは前装式だったが、のちにショットガンのような中折れ式が現われ、ピン打ち式またはセンターファイアーの金属薬莢を使用した。

82 最も口径の小さい銃器は何か？

当然のことながら小口径の銃器は軍用ではない。物珍しさだけを狙った製品で、ハツカネズミやゴキブリのハンティング以外に使い道はないだろう。婦人の護身用としての一面もあるにはあるが、実用的な武器というよりは単なるブームに過ぎなかった。銃砲史における特異な存在なので本書で扱うことにする。

■商業生産されたセンターファイアー弾薬で最小のものは2.7mm（.106口径）コリブリである。これではいかにも小さすぎるというので3mm（.118口径）コリブリも作られた。ドイツ製のフランツ・ファネル・コリブリ（ハチドリ）ピストル用で、1913年頃、婦人がハンドバッグに忍ばせるため製造された世界最小の半自動拳銃である。護身に役立ったかどうかは疑問だが、顔面に当たればいくらか痛かっただろう。
■より大きな練習用空包は、1920年から1927年にかけて製造されたドイツのリリパット半自動拳銃用弾薬の4.25mm（.167口径）リリパットである（訳者注：リリパットは『ガリバー旅行記』に登場する小人の国）。
　同口径の拳銃はもう１つあり、こちらはフランツ・ファネ・エリーカ。いずれも女性用のハンドバッグに入れて持ち運べた。

リリパット半自動拳銃（写真は6.35ミリ口径のもの）
（Liliput Owner/wikipedia commons）

■5 mm（.196口径）の弾薬にはクレメント弾とベルグマン弾がある。1890年代、スペイン製のシャロラ・アニトワとベルジャン・クレメント、そしてドイツ製のベルグマンNo.2半自動拳銃用に開発されたものである。

わずかにスケール・アップされた口径6.5ミリのベルグマンNo.3拳銃 (Bob Adams/wikipedia commons)

携帯に便利な小型拳銃用弾薬には、より強力な6.35mm・ブローニング（.25ACP）がある。1906年に登場するや人気を博し、クレメントおよびベルグマン弾を凌駕した。

■最小のリムファイアー弾は2.34mmスイスミニガン（.092口径、ピンの頭ほどの大きさ）で、コルト・パイソンの超小型レプリカであるスイスミニガンNr.C1STリボルバー用である。発砲可能な世界最小拳銃としてギネスブックが認定している。この回転式拳銃は全長55mmで、キーホルダーに付ければ注目されること請け合いだ。

■2001年の時点では、実戦で使われた最小の制式軍用弾薬はソビエト・ロシアの5.45×39mm（.220口径、実口径5.6mm）弾で、AK-74およびAKS-74シリーズのアサルト・ライフルとRPKS-74軽機関銃、1974年に制式

スイスミニガン (uberreview/wikipedia commons)

AKS-74U（短い銃身と折りたたみ銃床を備えている）
(Gusbenz/wikipedia commons)

化されたAKS-74U「クリンコフ」短機関銃、そして後のAK-100シリーズに使用されている。

■最近登場した小口径制式軍用弾は4.6×30mmで、ドイツ軍が使用しているウージー9mmMP2短機関銃に代わるものである。

■スポーツ射撃分野では、狩猟や害獣駆除用に２種類の小口径弾薬がある。１つは.17レミントン（4.36mm口径）で、レミントン社のM700シリーズ・ボルトアクション・ライフル用として1971年に登場した。もう１つは5mmレミントン・リムファイアー・マグナム（.205口径）で、これは薬莢の先端部を絞って弾丸の直径を小さくしたリムファイアー弾である。新製品のライフル用として1970年に登場し、ストレートの薬莢を用いた.22ウィンチェスター・マグナム・リムファイアー弾の対抗馬となるはずだったが、人気は伸び悩み、今ではほとんど見かけない。

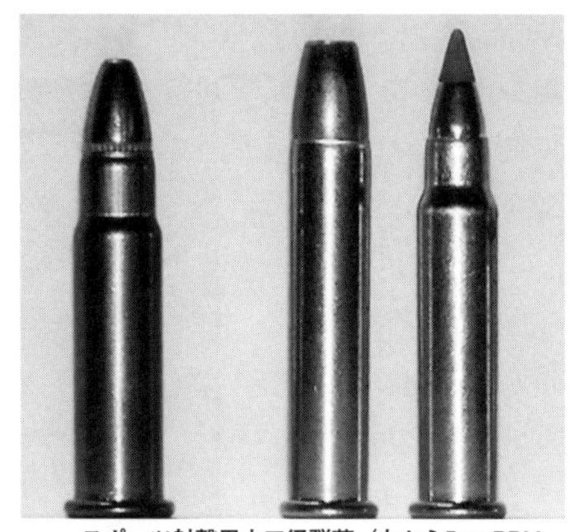

スポーツ射撃用小口径弾薬（左から5mmRRM、.22WMR 、.17HMR） (Werky/wikipedia commons)

83 米軍はサバイバル用の拳銃弾を支給したか？

答えはイエスだ。第2次大戦中、米陸軍航空軍は.45口径M1911A1半自動拳銃を航空機搭乗員に支給した。海軍と海兵隊は同銃に加え.38スペシャル弾仕様のスミス&ウェッソン・ビクトリー・モデル・リボルバーも使用した。

通常のフルメタルジャケット弾のほか「ミニ照明弾」として曳光弾がサバイバル装備に含まれていた。遭難者が夜間などにシグナルを送る意図だったが、捜索機の方向に発砲すると敵の曳光弾と勘違いされる恐れがあった。もっと目立つ救難照明弾に比べてお粗末なシロモノだったが、ないよりはマシだったし、自衛目的なら曳光弾も普通弾同様の威力があるのであった方がよいには違いない。

.45口径のM27曳光弾と.38スペシャル曳光弾（型式番号なし）は識別のため弾頭の先端が赤く塗られており赤色に発光した。.45口径のものは短機関銃にも使用できたが、主な使用目的は「サバイバル」だった。

搭乗員のサバイバル・ベストには、鳥など小動物を至近距離から撃つための拳銃用散弾も備えられていた。.45口径用はM12（T23）とM15（T29）で、同様の.38スペシャル用散弾には型式番号がない。

紙製の薬莢は濡れると劣化し、熱帯や海上環境では膨張して装填できなくなった。No.9バードショット散弾を使うM15は、サメの鼻を至近距離から撃てば効果があった。しかしこれらの拳銃用散弾は、1メートル前後から複数回撃たないと対人用としては威力不足だった。カートンには「動物狩猟用のみ。敵兵に使用するな」と記されているものもある。

84 最も口径の大きいライフルは何か？

小火器の定義基準を15mm（.59口径）とした場合、数種のライフルが「最大口径」候補に挙がる。しかしこの大きさになると、通常ライフルと呼ばれるものを超えている。対戦車ライフル、対物破壊ライフルまたは遠距離狙撃銃のカテゴリーである。対戦車ライフルの中にはこれより口径が大きく、ショック・アブソーバー付きストックを備え、二脚架や小型の二輪銃架から射撃するものもある。「ライフル」とは呼ばれても、20mmを口径の上限とする小火器の定義が「見直される」わけではない（原注：「ライフル」（rifle）という単語の本来の意味は必ずしも小火器を指すものではない）。

■口径15mmを超える大口径ライフルが最初に使われたのは1880年代の中国である。.75口径のジンガル・ライフルは大型の単発ボルト・アクション式で、全長は180センチ以上。1人が射撃を担当し、アシスタントは運搬と、必要に応じ「二脚架」として銃を支える役割を果たした。本来は敵軍の前進を阻止する「防御兵器」として作られ、城壁の旋回銃架や三脚架に載せて射撃した。先端が丸い.75口径ジンガル鉛弾は実口径.767（19.4mm）。.60口径（15.2mm）のものも作られた。本銃は19世紀版「対物破壊ライフル」といえるかもしれない。

■ソビエトは第２次大戦中、多種多様な対戦車ライフルを製造し、うち２種類が実戦使用された。両銃とも14.5×114mm（.58口径）で二脚架を用いて射撃した。重量があり極めて長いが、運搬時には２つに分解することができた。デグチャレフPTRD-41は単発ボルト・

アクション式で全長1990mm、重量17.44キロ。シモノフPTRS-41は5連発マガジン装備の半自動式。全長2140mm、重量は21キロもあるうえ、構造が複雑で製造コストも高く、実戦での運用は限られていた。PTRD-41は朝鮮戦争で北朝鮮軍が使用した。

■南アフリカは1993年にメシェムNTW-14.5対物ライフルを登場させた。ロシアの14.5mm弾を使用する。以前には20mm口径のものも製造されていた。本銃はボルト・アクション式で3連発マガジンを備えている。全長1800mm、重量27.98キロ。

■知名度は低いが、14.5mm口径対物ライフルがもう１つある。それはキューバ製のマンビー１。ミリタリー・インダストリー・ユニオン（防衛産業組合）が製造している。大型のマズル・ブレーキと5連発マガジンに二脚架を備え、グリップより後方に機関部があるブルパップ方式を採用している。

■口径15mmを超えてしまうが、特殊目的のため米陸軍が開発を進めているのがバレット25×59mmKM109アンチ・マテリアル（対物破壊）ライフルだ。５連発マガジンを備え、多目的榴弾は500メートルの距離で４センチの装甲を貫通する。本銃は地雷除去を主目的とするため、ほかの対物ライフルに比べ短射程である。銃身長は

KM109アンチ・マテリアル・ライフル (U.S.Army)

447mmと同種類のライフルよりかなり短めで重量は15キロ。

■どちらかというと実用性のない珍品の部類だが、口径15mmを超える、さらに大口径の「ライフル」が存在する。1996年にJ.D.ジョーンズが設計開発した.950JDJ（24mm）である。M61航空機用バルカン砲の120×102mm弾薬を切り詰め、弾丸直径を変更した薬莢を使用する。マクミラン社製ストックに載せられた単発式ライフルの重量は45キロ強。オフロード用タイヤを付け、馬に牽かせれば軽野砲のできあがりだ。233グラムの弾丸を670メートル／秒の銃口初速で発射する。生産は３丁のみにとどまった。

第４章
弾薬の俗説

銃器に限らず、弾薬にまつわる俗説も、単純な誤解や思い込み、あるいは謎を解明しようという熱意の産物である。なかには実際に危険な状況をもたらしたり、武器の効果的な運用を妨げたりするものもある。本章では、これらの俗説の解明を試みる。

85 口径表示と実口径はなぜ違うのか？

国や表示システムにかかわらず、小火器や大口径機関銃などの「公式」口径は実際の口径とは異なる場合が多い。本書の読者ならすでにお気づきだろうが、誤差は数分の１mm程度の場合もあればもっと顕著なこともある。

弾薬と銃器の口径表示とはまさに「表示」に過ぎず、実口径との違いの理由はいくつもある。まず、銃弾の口径は四捨五入したり端数を切り捨てたりしている。また、似かよった口径の弾薬と区別するため故意に変える場合もある。

逆に同一の口径表示を持つ弾薬はいくらもあるが、互換性があるとは限らない。いや、ないことのほうが多いのだ。たとえば.303ブリティッシュ弾と.303サベージ弾は互換性がない。また銃弾には複数の名称を持つものがある。なかには6つの異なった、しかも頻繁に使われる名称が与えられている弾薬もあり、これが事態をさらに複雑にしている。

特殊用途を持つ軍用弾薬の色による識別法も同様である。カラー・コーディングの持つ意味は国ごとに違い、また同じ国であっても時代によって異なるからだ。これは小火器用弾薬の先端の色、砲弾に塗られた色とマークについてもいえる。

現在、特殊弾薬は弾丸先端の色で示されるのが一般的だが、かつては弾丸そのもの、あるいは薬莢の先端や基部に色の帯を塗ったり、薬莢全体を着色したりすることもあった。本来の目的は防水対策だったが、識別の役割を果たすこともあったようだ。しかも必ず例外がある。試作弾薬などには異なるマーキングが与えられ、意味も千差万別だ。近年、多くの北大西洋条約機構加盟国はNATOの色識別を採用しているが、全世界で通用するわけではない。旧ワルシャワ条約機構軍のシステムもまだまだ健在である。

86 NATO軍と旧ワルシャワ条約機構軍の弾薬には互換性があるか？

ひと言で答えると互換性は皆無だ。軍内部でも、情報担当者の長年にわたる指導にもかかわらず、この事実を知らない者はまだ多い。旧ワルシャワ条約機構および中国や北朝鮮など共産圏諸国は、5種類の7.62mm弾を使用している。このいずれもNATO軍の7.62×51mm弾との互換性はない。

拳銃とサブマシンガン用の7.62×25mm弾、ナガン・リボルバー用の7.62×38mmR弾、SKSカービンとAKシリーズ・アサルト・ライフルおよび軽機関銃用の7.62×39mm弾、チェコスロバキア製ライフルと軽機関銃用の7.62×45mm弾、フルパワーライフルと機関銃用の7.62×54R弾は、NATO軍のライフルには使用できず、その逆もまた同様である。

これらの弾薬の薬莢は長さ、基部、本体、ショルダー部の角度、エキストラクターの爪が引っかかる溝、そしてリム部の形状や寸法がNATO弾とはまったく異なるからだ。さらに付け加えるならば、NATO軍の弾丸が.308口径であるのに対し、ワルシャワ条約機構軍のものは.311口径である。

同じ国の同口径の武器であっても互換性があるとは限らない

口径に関して以下の点を忘れないことが大切である。

■公称口径は実口径とは異なる。

■同じ国の同口径の武器であっても、２種類のライフルが互換性のある弾薬を使用するとは限らない。米軍の.30口径M１ライフル（83頁参照）と.30口径M１カービンが一例である。このような例は多数あり、ロシア/旧ソ連はまったく異なる４種類の7.62ミリ弾を使用していた。

M1カービンと.30口径カービン弾薬 (Curiosanderelics/wikipedia commons)

87 米軍は.50口径重機関銃を対人用に使うことを禁じているか？

「対空兵器、ことに.50口径重機関銃を対人用に使用することは禁じられている」。これは単なる作り話だが、なぜか今日まで生き延びている。米陸軍と海兵隊の軍規にもそのような規定はない。実際、1991年６月19日付およびそれ以前の米軍教範FM-23-65「対空用.50口径ブローニングM２重機関銃」などには、地上目標との交戦を扱うセクションがある。1907年のハーグ陸戦条約にも禁止を示唆する規定は皆無。.50口径重機関銃はまだ存在していなかったからである。同条約が起草された当時、敵の観測気球を機関銃の焼夷弾で撃ち落とすことは広範に行なわれていた。しかし、これらの大口径機関銃で敵兵を撃ってはならないとの規定は見られない。

.50口径M２重機関銃の強力な火力支援

２連装および４連装の.50口径重機関銃を火力支援に使用すると極めて効果があり、これは頻繁に行なわれた。敵が発砲してくるあたりに数回連射を浴びせるだけで厄介払いができるからだ。ある対空自動火器中隊の中隊長は「ドイツ軍の機関銃は人員損耗による装弾不良で沈黙した」と報告したという。

1943年２月、米陸軍第１騎兵師団の小部隊がパプアニューギニア・アドミラルティ諸島のロスネグロス島に上陸、海岸部の飛行場周辺に塹壕を掘って日本軍の襲撃に備えた。日本軍は周到に準備された防御陣地を攻撃することとなり、二晩にわたり突撃を阻止された。対空自動火器中隊の.50口径水冷M２重機関銃が基地周辺に設置されていたのである。

88 .30-06弾の「06」の意味は何か？

「06」は米陸軍が同弾薬を制式化した1906年を示す。ところがこの.30-06弾を最初に使用したのはM1903スプリングフィールド小銃。1903年に開発されたライフルが、1905〜1906年にかけて作られた弾薬を使用したとはおかしな話である。M1903スプリングフィールドと.30-06弾はともになじみ深い名称だが、この微妙なズレに気づく者は少ない。

M1903スプリングフィールド小銃は1903年に制式化され、翌年、試験的に部隊配備が始まった。しかし1901年の開発当初は若干異なる弾薬が使われていた。.30口径M1903で、民間では.30-03として知られていた。.30-03弾の強烈な反動は兵士の不評を買った。M1903は以前の制式小銃に比べて軽く、.30-03弾の弾丸は14グラム強あり必要以上に重かったからだ。この結果、.30口径M1906弾は薬莢のネック部分を約1.8mm短縮し、先が尖った9.7グラムの弾丸を使用することとなった。これがのちに好評を博す「.30-06弾」である。

初期のM1903小銃には欠陥があり、試験用に配備されたものはリコールされた。ストックの形状変更、先台の短縮、ナイフ形の銃剣の採用、新弾薬に対応するリアサイト装着、そして銃身後部のねじ込み部5mm切断などの改修が行なわれたが、M1903の名称はそのままにされた。これがズレの真相である。

89 .276ピダーセン弾仕様のM1ガーランド小銃が制式化の一歩手前だったというのは事実か？

事実である。1932年、13年間に及ぶ開発を経た試作版ガーランドT3E2は制式化寸前だった。ガーランドは当初から.276ピダーセン弾（7×51mm／実口径.284）を10発入り挿弾子に入れて使う設計だった。しかし開戦が近いと察した陸軍参謀長ダグラス・マッカーサー将軍（1880〜1964年）は、「戦時中の弾薬変更は混乱と無秩序、不確定要素を招く。半自動小銃がもたらす有益な効果を相殺してあまりある」として、弾薬変更に異議を唱えたのだ。

また、将軍は現実的に考え「陸軍の小銃と機関銃をすべて変更し、弾薬と訓練資材および予備部品備蓄の巨費を議会は拠出しないだろう」と踏んでいた。

M1ガーランド
口径：.30-06
作動方式：ガス利用半自動
装弾数：固定式8連発マガジン
全長：1103mm
銃身長：610mm
重量（弾丸なし）：4.37kg
銃口初速：853m/秒

M1ガーランド小銃を構えるジョン・ガーランド（LOC）

.276弾が採用されなかった理由には徹甲弾と曳光弾の性能が不足していたこともある。もう1つは、強力な.30-06弾を撃てる半自動小銃は実現可能だと最終的に証明されたことだ。もともと.276弾の開発は.30-06弾を発射する小銃は重すぎ、機関部への負担が過大だとの前提で行なわれたのである。

今日のスタンダードからすれば、
M1ガーランド小銃は鈍重だ。
しかし、さほど遠くない昔、
他のすべての銃を一掃した。
ボブ・ガノン（米国海兵隊）

90 ドイツ軍と日本軍は木製弾丸を使用したか？

第2次大戦中、ドイツ軍と日本軍が木製弾丸を使用しているとの現地報告が絶えなかった。日本軍のものは、命中と同時に飛散して人体にひどい銃創を与えるのが目的だと報じられた。感染症を引き起こすとも噂されたが、実際には普通の木片による傷と変わらなかった。ドイツ軍の場合は不足している資材、すなわち弾丸を節約する策だとされた。日本軍の木製弾丸にも、この仮定が適用されることはあった。

だが、これらの憶測は誤りである。木製弾丸は有効な速度と戦闘射程を得るためには軽すぎ、低木の茂みを撃ち抜くこともできないからだ。至近距離からなら別だが、人体を深く貫いていく能力はない。着衣の層を貫通できたとしも、軽い破片となった弾丸では浅い傷を残すのが精いっぱいで重傷には至らない。

米兵らが発見したものは空包と小銃擲弾発射用の弾薬だったというのが真相だ。擲弾の種類によって、単体もしくは中空の木製弾丸を使用した。発射と同時に粉砕し無害な破片となるが、万一のため25メートル以内では人員への直接射撃はしないことになっていた。木製弾丸を見たことがない兵士が本来の用途以外に、緊急時の代用品とか、あるいはもっと悪質な目的を想像したのは無理ないことであった。

もうひとつ木製弾丸の伝説がある。ドイツの小銃擲弾発射用弾薬は、発射する擲弾によって異なる色の木製弾丸が使われた。独特の形状をした自然色のものもあれば青や黒に着色されたものもあった。またドイツ軍の空包には淡い赤や薄い紫の先端が丸い木製弾丸がついていた。この色分けに端を発し、無力な木製弾丸に致死性を与えるため毒が塗られているとの噂となったのである。

テフロン・コーティングの弾丸

俗説とは異なり、テフロン加工された弾丸の貫通力は普通のものと変らない。しかし非常に固い真鍮製弾丸をテフロンで覆った場合、銃身内部の摩耗を防ぐ。

またテフロン加工を施した通常弾丸を発射すると、銃身内の異物を取り除き、きれいにする効果がある。テフロンのコーティングは銃身から飛び出す前にほとんど失われる。

91 米西戦争でスペイン軍は「毒薬弾」を使用したか？

セオドア・ルーズベルトが「輝かしき小戦争」と呼んだ米西戦争では、スペイン軍は最新式7mm口径M1893モーゼル小銃に加え、単発後装式レミントンM1879/89「回転式ボルト」ライフルを使用した。後者は11.5×57mmR、通常11mmスパニッシュ、11.5mmレフォマド、または.43スパニッシュ（実口径.454）と呼ばれる弾薬が用いられた。

当時の大口径ライフル弾は単体の鉛弾を使うのが一般的だったが、11mmスパニッシュ弾は真鍮製の被覆鋼弾を用いた。普通、ジャケットには白銅（銅60パーセント、ニッケル40パーセントの合金）やギルディング・メタル（銅90パーセント、亜鉛10パーセントの合金）、または銅で被覆したスチールを使うからこれは異例だったが、真鍮は固いので貫通力を増す効果があった。

真鍮製の弾丸や薬莢は熱帯では腐食して緑青（ろくしょう）を生じるが、この粉末状の薄緑のサビが何らかの毒ではないかと疑われた。真鍮は調理器具によく使われているにもかかわらず、米兵の中には真鍮製の弾丸は鉛中毒と似た症状を起こすと疑う者もいた。

熱帯でしかも消毒や抗生物質がない状況では、銃創はすぐに感染症を引き起こす。これも毒薬弾の迷信を広める一因となった。

しかし実際には、スペイン製を含め真鍮製被覆鋼弾に毒性はない。また取り扱いや保管にも特別な安全対策は不要だった。

92 「毒薬弾」は実用的か？

毒薬弾の使用は極めて稀で、実用性はほとんどない。1675年にフランスとドイツのあいだで結ばれたストラスブール協定が毒薬弾を禁じた初の国際合意である。詳しい背景は明らかでないものの、1675年以前に毒薬弾の使用が試みられたことを示唆している。

「スパイ」による暗殺やナチスドイツが作ったとされる試作品を除いては、毒薬弾が実際に使用された事例はほとんど知られていない。

にもかかわらず、マフィアの殺し屋がニンニク油に浸した弾丸やニンニクを詰めたホローポイント弾を使うという俗説は今でも信じられている。被害者が即死しなくても「ニンニク中毒」や壊疽(えそ)を起こして死に至るという怪しげな理屈である。スパイスとして摂取されるニンニクが、なぜか血管に入ると感染症を起こすというわけだが、これは事実ではない。

弾丸を毒に浸しても効果はゼロ。毒性は燃焼ガスや銃身内部での摩擦、そして銃口から出る際の噴射ガスでほぼ消滅してしまうからである。ホローポイント弾の窪みに少量の毒を挿入・密閉しても、致死性の傷を負わせるには量が足りない。最も毒性が極めて高いリシンやテトロドトキシン（ふぐの毒）などを使えば話は別であるが。

そのほかの「毒薬弾」

AK-74アサルト・ライフルに使用する旧ソの5.45×39mm5N7普通弾はアフガン戦争で使用され、ムジャヒディン民兵らに「毒薬弾」と呼ばれた。AK47とAKMに使用された7.62×39mm弾に比べ、人体の内部組織および臓器に与える損傷が大きい。これは弾頭先端部が空洞になっているからである（ホローポイント弾とは異なる）。

戦場において負傷した民兵は数日間治療を受けられないことが多く、また抗生物質が不足していることもあり、ほどなく壊疽(えそ)などの感染症を起こした。これが「毒薬弾」の迷信につながった。

ちなみに現用のロシア製5.45mm弾に空洞はない。1994年7N10普通弾が配備された際、防弾チョッキやヘルメット、その他の軽装甲に対する貫通性能を増すため、空洞は鉛で埋められ硬化鉄弾芯が使われたからである。5N7普通弾は薬莢先端部に色の帯がないことで識別できる。

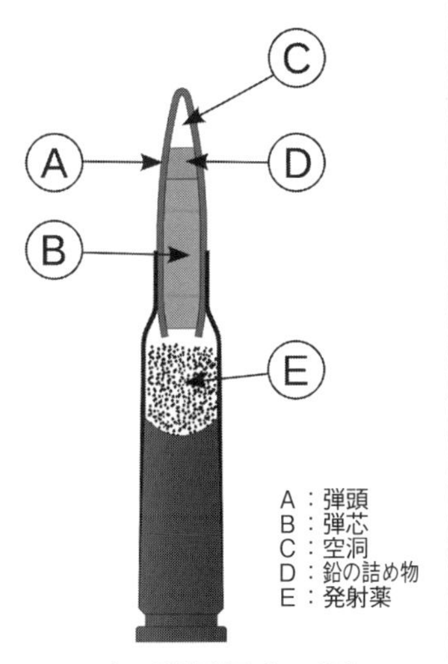

5.45×39ミリ弾構造図（Cの部分が空洞になっている。人体に命中すると横転して銃創を激しくする仕組み） (MesserWoland/wikipedia commons)

93 獣脂を塗った弾薬がインドの反乱を引き起こしたのは事実か？

英領インドで起きたインド大反乱（セポイの乱）は、弾薬に関するある誤解がきっかけで始まった。事の発端は1853年式エンフィールド・パターン・ライフル・マスケット銃の配備だった。この銃が使う.577（14.6mm）口径の弾薬は、35グラムの鉛弾を紙薬莢の先端に糊付けし、4.5グラムの黒色火薬を包装・封印したもので、潤滑と防湿のため獣脂が塗られていた。

1857年、この新型小銃は東インド会社の傭兵団（セポイ）、ベンガル先住民歩兵部隊に配備された。時を同じくして、イギリスの植民地統治下で一定の自治を認められていた藩王国が英領インドに併合されたが、インド人傭兵であるセポイの多くはこの強引なやり方を快く思っていなかった。イスラム教徒とヒンズー教徒で構成されるセポイは、イギリスによるキリスト教への改宗を疑ったのだ。

前述のように新小銃の弾薬には獣脂が塗られており、これが牛と豚のものだという噂が広まった。イスラム教徒にとって豚は不浄であり、牛はヒンズー教の聖なる動物である。主要都市ラクナウに駐屯する第19および第34ベンガル歩兵連隊では不平不満が高まった。

問題はこの弾薬を装填する方法にあった。紙薬莢の下部を噛みちぎって銃身内に火薬を注ぎ込み、しかるのち反対側に糊付けされた弾丸を紙薬莢ごと銃口から押し込むのだが、この際、どうしても獣脂を口にしてしまうことになる。

事態沈静化のため英国は次のような改善策をとった。獣脂を使った弾薬はヨーロッパ人歩兵のみに支給する。インド人傭兵は宗教上問題がない油脂で弾薬の潤滑と防湿を行なう。薬莢を噛みちぎるのではなく、指で破る装弾手順に変更する。

しかし、薬莢を噛みちぎる伝統的な方法で訓練されてきたインド人傭兵にとって、発射速度が遅くなる新手順は受け入れられなかった。英国側の提案にもかかわらず、インド人傭兵は獣脂を使った弾薬を拒否し、その他の命令にも従わなかった。

宗教的タブーに結びつく弾薬の噂は、併合や改宗への不安と重なって一斉蜂起を引き起こし、インド大反乱は何十万人もが命を落とす結果となったのである。

94 侵入訓練コースで行なわれる頭上機銃掃射は危険か？

1970年代後半まで、米陸軍の基礎訓練には実弾使用の夜間侵入コースがあり、新兵はすべてこのトレーニングを受けた。ちなみに、現在は経費削減のため、歩兵科だけで行なわれている。

塹壕から敵陣へ匍匐前進する新兵の頭上を機関銃が掃射する。曳光弾が音を立ててかすめるなか、炸裂する模擬爆弾が泥と土塊があたり一面に飛び散る。兵士らは有刺鉄線の下をかいくぐり、時に迂回し、機関銃に向けて前進を続ける。照明弾を模した探照灯が不規則に明滅を繰り返すが、これは腹ばいになる低姿勢匍匐でなく、四つん這いで進む高姿勢匍匐をする者がいないかチェックするためだ。それほどこの訓練は危険なものだろうか？

答えは「極めて安全」である。

■この訓練を安全に実施するための規則が存在する。

■保守点検の行き届いた機関銃は、地面から約1.5メートルのコンクリート製台座に固定されている。銃身が下を向くのを防ぐ鉄製バーがあり、また左右の動きも10センチほどに制限されている。
■1本の銃身で発射できる弾数には上限があり、運用記録がとられている。
■この訓練用の機関銃はほかの用途に転用できない。
■この訓練用に作られた7.62mmM80普通弾とM62曳光弾は「頭上掃射専用」と書かれ、特別の発注番号が使われている。弾薬ベルトに装填された曳光弾を識別するため、弾丸の先端が通常のオレンジではなく赤に塗られている。これ以外の識別はない。
■機関銃は地表からかなり上を撃つように設置されており、匍匐前進する兵士の頭上を文字どおりかすめ飛ぶわけではない。
■匍匐前進コースは機関銃数丁の間をジグザグに進むよう作られており、たとえ兵士が飛び跳ねても弾は当たらない。したがって腹ばいになった兵士が泥から顔をいくらか上げてもまったく危険はない。

頭をかすめ飛んでいくかに見える曳光弾と衝撃波のおかげで、新兵はこれが命がけの危険極まりない訓練だと確信する。命惜しさに必死で地面を這うわけだが、この匍匐前進、体力的、とりわけ膝にはけっこうキツイ。

95 曳光弾を弾切れ表示に使うなら何発目に装填するか？

曳光弾の有効な使い道のひとつは、マガジンがほぼ空だと知らせることである。ただし曳光弾は最後の弾薬であってはならず、最後から４発目が望ましい。目いっぱい装填した30連マガジンなら27発目。マガジン・スプリングにかかる力を軽くするため28発詰めた場合なら25発目という具合だ。

射手はこれで最終弾が発射される前に、弾が残り少ないことを知り、再装塡の準備ができる。ベトナム戦争では、最後の３発すべてを曳光弾にする兵士もいた。

残弾がわずかでマガジン交換が近いことを敵に気づかせるとして、このテクニックを奨励しない者もいる。戦場で、仮に曳光弾に気づく敵がいたにせよ、それを最終弾表示テクニックだと推測し、どの兵士の弾薬が切れかかっているかを見抜くことはまずありえない。小銃と一緒に射撃している機関銃の曳光弾と区別できないからである。

同様の理由から戦闘機に搭載する弾薬ベルトでも、装塡された最終弾近くの数発を曳光弾のみとすることがあった。当然、敵機のパイロットに弾切れを知らせるようなものだという反論が出された。しかし猛烈なスピードで空中戦を展開しているパイロットは全周囲と計器板に注意を集中している。飛び去っていく曳光弾に気づき、それを最終弾の表示テクニックだと理解できるかどうかは極めて疑わしい。

96 銃殺隊が使用する「良心の呵責をやわらげる弾丸」とは何か？

銃殺隊兵士の１人に空包を与える習慣がある。誰が実弾を撃ったかわからなくすることで、死刑執行に伴う責任を「分散する」目的だった。

「良心の弾丸」はしばしば使われたが、元来の目的は達せられなかった。空包はまったく反動を生じないので、これを撃った者は即座に「自分は実包を撃たなかった」とわかるからだ。半自動小銃を使用した場合、空包では空薬莢が排出されない。正常に作動させるためには銃口に空包用アダプターを付けなければならず、これでは誰の目にも明らかになる。

しかしながら第三者がその場にいても、空包の銃声は実包とは異なるものの、一斉射撃で誰が撃ったかを特定するのは難しい。同様に、銃口から出る火花や硝煙で空包と実包を区別することは、とくに昼間は困難である。

97 緑色の曳光弾はいつも敵側のものだというのは本当か？

緑色の曳光弾（トレーサー）は、ワルシャワ条約機構および共産圏のあらゆる小火器に使用されてきたといわれている。今日でも緑色の曳光弾は広範に使われている。だが、この経験則は必ずしも正しいものではなく、曳光弾の色は信頼できる敵味方識別法ではない。

確かに緑色の曳光弾は、かつてのワルシャワ条約機構軍の主流だったが、国によっては赤い曳光弾を使用していた。この場合でも弾丸の先端はワルシャワ条約機構の基準に従い「曳光弾」を示す緑に塗られていた。現在、中国製の曳光弾は赤色、ロシア製7.62mm曳光弾の多くは緑色に発光する。しかしロシア製5.45mm曳光弾の先端は緑に塗られているものの赤く発光する。

この混乱に輪をかけるのがNATOの7.62mm曳光弾M62をコピーしたユーゴスラビア製で、赤く発光するが先端はオレンジではなく緑色に塗られている。

世界で使われている曳光弾の発光にはオレンジや白色を含むさまざまな色があり、米軍とNATO軍の曳光弾はほとんどすべて赤色だが、例外はある。たとえば、.50口径M17曳光弾（弾丸の先端は茶色）は銃口を出てからの短いあいだは暗緑色に輝くが、その後、鮮やかな赤に変わる。1991年の湾岸戦争当時、米特殊作戦軍は緑色に発光するM17曳光弾を要求した。イラク領内を車両で移動する特殊部隊が、米軍とわかる赤ではなく緑色トレイサーを使うことで敵を撹乱させる目的だった。

警官のトンプソン短機関銃による射撃訓練。発射炎と曳光弾の光跡、跳弾がよくわかる（1930年代） (Corbis)

98 M16小銃の弾丸が飛行中に横回転するというのは本当か？

M16シリーズ用の5.56mmM193普通弾（弾丸重量3.6グラム）と新型NATO標準普通弾M855（弾丸重量４グラム）、そして長距離射撃用に特化したMk262Mod0/1普通弾（弾丸重量５グラム）は「電動ノコギリ弾丸」と称され、飛翔中や人体に命中したあと横回転するといわれている。

実際は若干異なる。小口径高速弾はどれも元来不安定なのだ。弾丸の先端が軽く底部が重いからである。弾丸は重い方を先にして飛んで行こうとする傾向があり、これを是正して先端を前方に保つのがライフリングの効果で軸回転する弾頭のジャイロ効果である。

小口径高速弾は飛翔中に首を左右に振るが横回転はしない。しかし小枝に触れただけですぐ跳弾になってしまう。このような場合、弾丸は横回転して意図した弾道から外れて飛んでいく。弾丸そのものがバラバラに飛散することもある。同様のことは、弾丸が壁の石こうボードや窓ガラスなどを貫通したり、人体から飛び出たりするときにも起こる。

横回転弾の俗説は、紙などの標的に鍵穴のような弾痕が見られることで広まった。弾丸は標的に命中する前、すでに横を向いていたという推論だ。しかし実際には、ことに標的が近い場合、命中と同時に横回転し、鍵穴形の弾痕を残すというのが真相である。

99 曳光弾だけで射撃してはならない？

100パーセント曳光弾だけ使うと、「銃身が焼損する」「燃えかすが銃身に溜まる」、あるいは何らかの原因で「銃が破損する」とよくいわれる。初期の曳光弾は撃つと確かに銃身内が汚れたが、損傷に関する主張は誤りである。付着する燃えかすもたいしたことはない。後続の弾丸が取り除いてしまうからだ。しかも、現在の曳光弾は銃口を出てかなり経ってから発光する。

事実、戦闘車両の銃眼から発射するM16ライフルの派生型M231と、M２歩兵戦闘車およびM３騎兵戦闘車に搭載されるM242ブッシュマスター機関砲は曳光弾100パーセントで使用する。

それでも心配なら、曳光弾を１発おきに装填すればよい。曳光弾の利点を以下に記す。

■1944年12月30日、バストーニュの戦いで捕虜となったドイツ兵によれば、攻略の失敗は町を防衛する第101空挺師団が使った膨大な曳光弾によるところが大きい。曳光弾に照らし出されたドイツ兵は、発見されずに進撃するのは不可能だと感じたという。また、あたかも「自分たちを狙って飛

M231ブッシュマスター25ミリ機関砲。歩兵戦闘車両左側面の銃眼から出ているのはM231の銃身 (U.S.Army)

んでくる」曳光弾に戦意が削がれたとも語った。

■第２次大戦中、英軍は曳光弾に関する以下の事実を発見した。曳光弾を使った機関銃の弾幕射撃は、狙い撃ちされているかの錯覚を敵に与える（実際には左右に着弾したり頭上を素通りしたりしても）。発射速度が極めて高いか、著しい数の機関銃が使われていると思わせ、口径も実際より大きい印象を与える。

■援護される側に有利な心理効果もある。第２次大戦中、目標に接近する歩兵部隊の火力支援にあたった対空自動火器大隊のエピソードがそれを裏付ける。４連装重機関銃による制圧射撃の際、曳光弾を使うと敵に位置を悟られるおそれがあるため、曳光弾を取り除こうとしていたところ、これを知った歩兵部隊が「曳光弾は敵の士気を挫き、戦意喪失を促す」と継続使用を要請した。大隊側は曳光弾での援護射撃は自分の位置を知らせる危険はあるが、それに見合うメリットがあると判断し、これを了承した。

■多数のライフルや機関銃を対空戦闘に用いる場合、曳光弾で弾幕を張ると極めて効果がある。フォークランド戦争中、英軍は艦船に積まれたありとあらゆる機関銃を対空射撃に使用した。後日、アルゼンチン空軍のパイロットらは「実際より口径が大きく見え、視界を縦横無尽に飛び交う曳光弾に動転し、攻撃を中止したり、目標に命中させられないこともあった」と認めた。さらに航空機に命中した場合、曳光弾は火災を生じさせる可能性が普通弾より高い。

■英軍は北アイルランドにおいて、曳光弾を弾幕射撃に用いた。遠距離での弾道低落量を検出しやすくするため、L7A1汎用機関銃に普通弾と曳光弾を半々の割合で装弾したのである。これによって市街地および農村部での戦闘で、一般市民や家畜の巻き添え被害を防止または軽減することができた。

おわりに

オグレイディ連隊上級曹長が言う。
手入れの行き届いたエンフィールド小銃は兵士の無二の友だ。
雨の日には兵舎でボルトを動かし、引き金を引いてバネをゆるませてやる。困ったときのために、エンフィールドは細心の注意を払って扱う。兵士らは競い合ってこの習慣を作るべきだ。
これは兵士として持つべき誇りの問題。
小銃と契りを結ぶのだ！ 兵士よ、エンフィールドを娶(めと)るのだ！
そして大切にしてやれ、彼女はお前自身のモノなのだから。
この小銃は精密に作られた道具。上手く扱ってやれ。
納税者の血税で作られたことを忘れるな。
エンフィールドは年上の女性のように愛情を込めて触れてやれ。話しかけてやれ。彼女は新参者の手でぞんざいに扱われる単発ライフルではない。
友を泥の中に座らせないように、エンフィールドも乾いた地面に置いてやれ。
兵士は情熱に満ちた彼女も、冷淡な時の彼女も知っている。
同じ銃はたくさんあるが、このエンフィールドは自分のもの。
彼女の狙いの偏(かたよ)り、300メートルでの誤差、銃床のグリップ部に穿(うが)たれた深い傷、床尾環近くにある木目のひび割れも知り尽くしている。そんな彼女を、そっと樫の木の下に置いてやってくれ。

In Parenthesis, David Jones, 1916

訳者あとがき

私と銃器との出逢いは古い。1964年の東京オリンピックの年だ。

防犯連絡所になっていた友人の家を訪ねたおり、家人と茶を飲んでいたお巡りさんの腰に拳銃が見えた。

「坊や、これ、なんだか知ってるか？」

私の凝視に気づいた巡査が聞く。初めて見る本物の拳銃。思わず顔を近づけた。

「よっぽど好きなんだな」

お巡りさんは気にする様子もなく茶を飲み続けた。小ぶりのリボルバーを目の前に、私は手のひらに収まった鋼鉄の重みを想像して恍惚となり、この世でもっとも美しいモノとの一体感を味わった。

1970年代末に渡米し実銃と再会。数丁手に入れる幸運に恵まれた。後年、永住を決意する舞台裏では、これらの銃器を手放したくないという気持ちが強く働いた。陸軍時代、最初の数年は武器科に配属され、ありとあらゆる兵器に囲まれて過ごした。しかし心を惹かれるのは、やはり拳銃や自動小銃、機関銃といった小火器だった。射撃訓練や検定後、嬉々として武器を掃除することから、部下の兵隊には風変わりな少尉だと思われていたようだ。

私はガンスミス（銃器の製造や改造を行なう職人）でも銃器史の専門家でもない。だが好きこそものの上手なれというように、いくらかは踏み込んだ知識を持ち合わせているものと思っていた。ところが本書を翻訳してみて、よく知られた小銃や拳銃ですら事実誤認や見落としが多数あり、銃弾薬をめぐるハリウッド映画の嘘や誇張、その他の俗説を鵜呑みにしていた事実を認めざるを得なかった。

それもそのはず。著者のゴードン・ロットマンは米陸軍特殊部隊「グリーンベレー」の隊員で、ベトナム戦争参戦を皮切りに、各種兵器にくわえ偵察や情報収集分野で26年に及ぶ軍歴を持つ強者(つわもの)だ。『ガントリビア99』が紹介する「雑学」知識は、ロットマンの実戦経験と深い見識、洞察に裏打ちされたものなのだ。

翻訳を進めながら、この30数年に撃ってきた数々の銃を思い起こした。新たに知ったトリビアのおかげで、これらの小銃や拳銃、散弾銃、そして弾薬に関する興味と愛着が一層深くなった。

実銃体験の有無にかかわらず、読者も同様の感想を持つであろう。武器の裏表を知り尽くした著者だからできる離れ業である。

お巡りさんのニューナンブ拳銃から半世紀以上が経ったいま、本書を日本の読者に紹介する幸運を得た。銃器にまつわる嘘や誇張を正し、人が命をかけて使う道具を理解する一助になればと思う。

最後に本書の校正・校閲を担当していただいた渡部龍太氏と近代銃器史家の杉浦久也氏に深く感謝を申し上げる。

加藤　喬

ゴードン・ロットマン（Gordon L. Rottman）
1967年に米陸軍入隊後、特殊部隊「グリーンベレー」を志願。各国の重・軽火器に精通する兵器担当となる。1969年から1970年まで第５特殊部隊の一員としてベトナム戦争に参戦。その後も空挺歩兵、長距離偵察パトロール、情報関連任務などにつき、退役時の軍歴は26年に及ぶ。統合即応訓練センターでは、特殊作戦部隊向けシナリオ製作を12年間担当。現在はフリーランス・ライター。著書にオスプレイ・ウエポンシリーズの『M16』『AK-47』など多数。テキサス在住。

加藤　喬（かとう・たかし）
元米陸軍大尉。都立新宿高校卒業後、1979年に渡米。アラスカ州立大学フェアバンクス校ほかで学ぶ。88年空挺学校を卒業。91年湾岸戦争「砂漠の嵐」作戦に参加。米国防総省外国語学校日本語学部准教授（2014年7月退官）。著訳書に第３回開高健賞奨励賞受賞作の『ＬＴ—ある“日本製”米軍将校の青春』（TBSブリタニカ）、『名誉除隊』『加藤大尉の英語ブートキャンプ』『レックス 戦場をかける犬』『チューズデーに逢うまで』『アメリカンポリス400の真実！』『M16（近刊）』（いずれも並木書房）がある。現在メルマガ「軍事情報」で配信中。

ガントリビア９９
—知られざる銃器と弾薬の秘密—

2016年11月20日　印刷
2016年12月１日　発行

著　者　ゴードン・ロットマン
訳　者　加藤　喬
発行者　奈須田若仁
発行所　並木書房
〒104-0061東京都中央区銀座1-4-6
電話(03)3561-7062　fax(03)3561-7097
http://www.namiki-shobo.co.jp
印刷製本　モリモト印刷

ISBN978-4-89063-345-6